大型压力蒸汽灭菌器质量控制指南

王　旭　徐　恒　金志军　编著

四川大學出版社
SICHUAN UNIVERSITY PRESS

项目策划：蒋　玙
特邀编辑：周维彬
责任编辑：蒋　玙
责任校对：唐　飞
封面设计：成都惟文文化传播有限公司
责任印制：王　炜

图书在版编目（CIP）数据

大型压力蒸汽灭菌器质量控制指南 / 王旭，徐恒，金志军编著. — 成都 : 四川大学出版社，2021.6
ISBN 978-7-5690-4813-1

Ⅰ. ①大… Ⅱ. ①王… ②徐… ③金… Ⅲ. ①灭菌—化工设备—质量控制—指南 Ⅳ. ①TQ460.5

中国版本图书馆 CIP 数据核字（2021）第 132471 号

书名　大型压力蒸汽灭菌器质量控制指南
DAXING YALI ZHENGQI MIEJUNQI ZHILIANG KONGZHI ZHINAN

编　　著	王　旭　徐　恒　金志军
出　　版	四川大学出版社
地　　址	成都市一环路南一段 24 号（610065）
发　　行	四川大学出版社
书　　号	ISBN 978-7-5690-4813-1
印前制作	成都惟文文化传播有限公司
印　　刷	涿州军迪印刷有限公司
成品尺寸	170mm×240mm
印　　张	11
字　　数	199 千字
版　　次	2021 年 7 月第 1 版
印　　次	2021 年 7 月第 1 次印刷
定　　价	42.00 元

◆ 读者邮购本书，请与本社发行科联系。
电话：(028)85408408/(028)85401670/
(028)86408023　邮政编码：610065
◆ 本社图书如有印装质量问题，请寄回出版社调换。
◆ 网址：http://press.scu.edu.cn

四川大学出版社
微信公众号

《大型压力蒸汽灭菌器质量控制指南》编委会

主　审：黄建强　云南省老年病医院

主　编：王　旭　云南省老年病医院

金志军　中国计量科学研究院

徐　恒　北京大学第三医院

副主编：郑子伟　成都市计量检定测试院

向　琳　云南省普洱市人民医院

孙俊峰　吉林省计量科学研究院

周奕沁　云南省老年病医院

思　康　云南省老年病医院

和建华　贵州阜安心血管病医院

编　委：（按笔画排序）

王莺金　安正计量检测有限公司

王鹏发　空军军医大学第三附属医院

石曙光　湖北省计量测试技术研究院

龙　阳　广州广电计量检测股份有限公司

朱　娟　北京林电伟业计量科技有限公司

江　东　四川大学华西医院

许　澍　云南省计量测试技术研究院

许广辉　宿迁市计量测试所

纪金龙　厦门市计量检定测试院

李　征　北京林电伟业计量科技有限公司

李　波　北京大学肿瘤医院

李阳冰　成都市计量检定测试院

李红芬　云南省曲靖市第一人民医院

李菊果　昆明医科大学第二附属医院

杨润楠　河南武警总队医院

宋　洋　广西壮族自治区计量检测研究院

张　帅　解放军总医院医疗保障中心

张　阳　昆明市第一人民医院

张　辰　军事科学院军事医学研究院

张　毅　空军军医大学第三附属医院

张秀俊　江苏省盐城市计量测试所

陈　丽　云南自清医疗用品服务有限公司

陈鸿飞　南京市计量监督检测院

林红兰　解放军总医院第三医学中心

周　兴　云南省计量测试技术研究院

单庆顺　空军特色医学中心

房秀杰　山东新华医疗器械股份有限公司

赵　荣　中检西南计量有限公司

侯　羿　火箭军特色医学中心

侯振恒　京科维创技术服务（北京）有限公司

夏雨佳　武汉市计量测试检定（研究）所

高　丽　山西省计量科学研究院

黄天杰　无锡市计量测试院

梁晓会　军事科学院军事医学研究院

董　亮　辽宁省计量科学研究院

蒋玲华　大理大学第一附属医院

曾爱英　四川大学华西医院

薛　诚　北京林电伟业计量科技有限公司

戴　翔　河南省计量科学研究院

序　言

随着科技的进步，医疗技术日新月异的发展，蒸汽灭菌器使用频率日益增加，保证灭菌物品的灭菌质量是控制院内感染的重要环节，高温高压蒸汽灭菌是目前医院消毒供应中心广泛使用的技术手段，而高温高压蒸汽灭菌器属国家重点监管的压力容器，如何规范管理、正确操作、定期检测与维护保养对保证设备安全运行、保障消毒灭菌质量至关重要。

本书包括四个章节，涵盖蒸汽灭菌器的基本概念和基础知识，对蒸汽灭菌设备使用与管理、灭菌器质量管理和灭菌器异常使用案例分享等几个方面做了详细的阐述，内容图文并茂、针对性强，有较强的科学性和指导性，并对工作中遇到的知识难点和常见问题进行探讨，使读者一目了然，更具操作执行力，具有可借鉴性和参考作用。

本书编写工作是由多专业、多部门共同参与完成的，编者经过不断学习、讨论及总结归纳，使本书汇集了丰富的管理经验、专业知识和技术操作方法，能为一线管理人员、操作人员提供帮助，具有较高的实用价值，也对促进行业内学术交流、提高行业整体水平起到一定的推动作用。

云南省老年病医院院长

前　言

压力蒸汽灭菌器目前已有100多年的历史，由于其穿透力强、灭菌效果安全可靠、环保经济，在灭菌技术高速发展的今天，仍占有重要的地位。压力蒸汽灭菌器是利用湿热杀灭微生物的原理，利用饱和蒸汽对物品进行灭菌。用压力蒸汽灭菌已成为医疗机构对耐湿、耐热的，需要重复使用的诊疗器械、器具和物品进行灭菌的首选方法。压力蒸汽灭菌器性能的完好以及操作的规范，对建立压力蒸汽灭菌器质量控制体系尤为重要。

本书由多专业、多部门的专家形成共识并组织完成编写，编者理论联系实际，通过丰富的管理经验、专业知识和操作方法的总结，使本书为管理人员、一线操作人员提供帮助，达到操作明细化、质控体系化、监测科学化、指引明确化。本书对蒸汽灭菌器的分类、主要结构、适用范围等方面做了简要介绍；在操作规程、保养与维修、档案管理、质量监测、风险管理等方面做了系统的阐述；在管理职责、人员要求、资质认证、岗位培训、追溯与预警等方面给出了明确的指引。本书是一本集操作、质控、管理、监测于一身的综合性指导用书，对规范压力蒸汽灭菌器质量管理具有重要意义，可作为压力蒸汽灭菌器使用和管理的教育培训用书。

书中涉及的跨学科知识较多，由于编者知识和水平有限，存在不足在所难免，恳请读者和同行予以批评指正，在编写过程中，得到各位专家的悉心指导，在此对有关单位和个人的辛勤付出表示诚挚的感谢！

主编：王九凤

2021年1月

目　录

第一章　压力蒸汽灭菌器的基础知识 ………………………… 001

第一节　大型预真空压力蒸汽灭菌器………………………… 001

第二节　小型蒸汽灭菌器……………………………………… 014

第二章　大型压力蒸汽灭菌器的使用与管理………………… 022

第一节　大型压力蒸汽灭菌器的管理与职责………………… 022

第二节　大型压力蒸汽灭菌器的使用管理与故障处理流程…… 028

第三节　大型压力蒸汽灭菌器的档案管理…………………… 029

第四节　人员、资质要求与岗位培训………………………… 040

第三章　大型压力蒸汽灭菌器质量管理 …………………… 042

第一节　大型压力蒸汽灭菌器的风险管理…………………… 042

第二节　大型压力蒸汽灭菌器的质量控制相关标准和技术规范 ……………………………………………………………… 056

第三节　大型压力蒸汽灭菌器的质量监测…………………… 061

第四节　大型压力蒸汽灭菌器的应急管理…………………… 065

第五节　大型压力蒸汽灭菌器的校验………………………… 081

第六节　灭菌介质的质量控制………………………………… 101

第七节　检测结果的意义…………………………………… 116

第四章　大型压力蒸汽灭菌器异常情况案例………………… 124

第一节　设备异常及运行异常案例……………………… 124

第二节　设备使用及检测异常案例……………………… 149

参考文献 ………………………………………………………… 165

第一章　压力蒸汽灭菌器的基础知识

第一节　大型预真空压力蒸汽灭菌器

一、适用范围

大型预真空压力蒸汽灭菌器（图 1.1）主要用于耐热、耐湿诊疗器械、器具和物品的灭菌，包括金属物品、大多数橡胶物品、织物、玻璃器皿及耐高温的硬质塑料等，不适用于油类、粉剂类等物品的灭菌。

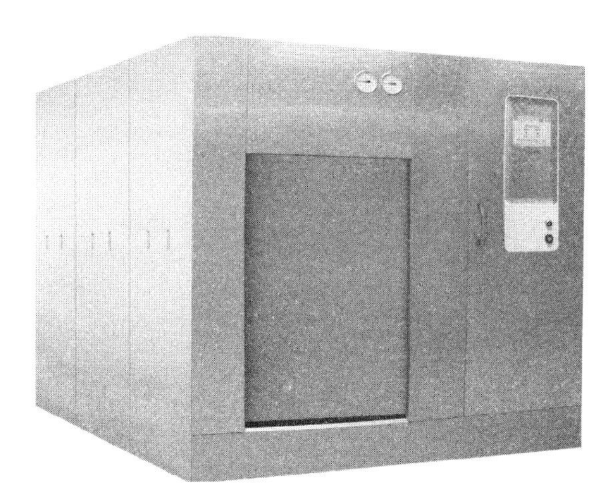

图 1.1　大型预真空压力蒸汽灭菌器

二、主要分类和基本参数

（一）主要分类

按蒸汽供给方式，大型预真空压力蒸汽灭菌器可分为自带蒸汽发生器和外接蒸汽两类。

按灭菌器门的结构，大型预真空压力蒸汽灭菌器可分为单门和双门两类。

（二）基本参数

额定工作压力不大于 0.25 MPa。灭菌工作温度为 115℃~138℃。

三、灭菌原理及灭菌程序

（一）灭菌原理

大型预真空压力蒸汽灭菌器利用湿热杀灭微生物的原理设计。灭菌前将灭菌室的冷空气排除，以饱和的湿热蒸汽作为灭菌因子，在一定温度、压力和时间下，对可被蒸汽穿透的物品进行加热，蒸汽冷凝释放出大量潜热和湿度，使被灭菌物品处于高温、高压状态，经过设定的恒温时间，使微生物的蛋白质及核酸变性，导致微生物死亡，最终达到对物品进行灭菌的目的。

（二）灭菌程序

大型预真空压力蒸汽灭菌器的灭菌程序通常分为预处理阶段、灭菌阶段和灭菌后处理阶段。具体灭菌工艺包括预排气、升温、灭菌、后排气、干燥、平衡。如图 1.2 所示。

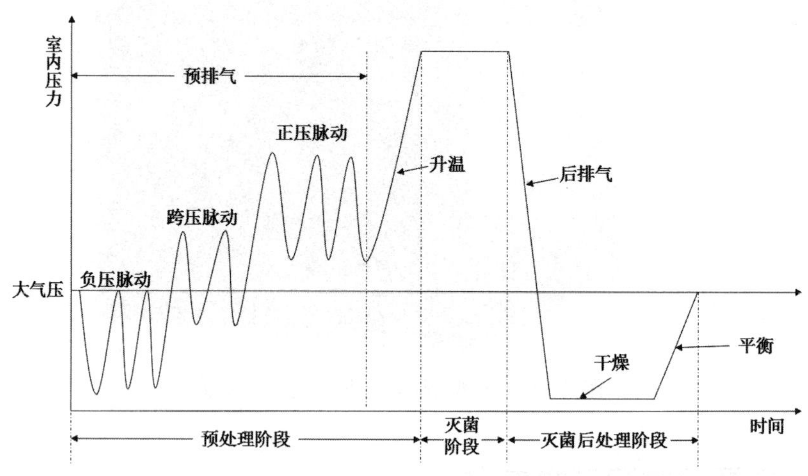

图 1.2　大型预真空压力蒸汽灭菌器灭菌程序

1. 预处理阶段

预处理阶段包括预排气、升温过程。在灭菌室导入蒸汽前，利用机械抽真空系统，预先将灭菌室和物品包内98%以上的冷空气强制排除，达到预真空状态。在实际应用中，为充分实现预真空的目的和效果，可采用负压脉动、跨压脉动、正压脉动等多种脉动方式组合，对灭菌室进行多次抽真空。即抽完一次真空，向灭菌室导入一定量的蒸汽，使剩余冷空气与蒸汽混合达到一定压力，再进行第二次抽真空，如此反复，尽可能排除冷空气，从而有利于蒸汽迅速穿透灭菌物品。达到真空状态后，持续注入蒸汽，对灭菌物品加热至灭菌温度。

2. 灭菌阶段

使用大型预真空压力蒸汽灭菌器对器械及敷料进行灭菌，灭菌设定温度为132℃或134℃，最短灭菌时间为4 min。当灭菌温度为132℃时，压力参考范围为184.4～201.7 kPa；当温度为134℃时，压力参考范围为201.7～229.3 kPa。

在灭菌阶段，当达到灭菌温度后，灭菌器内保持相对稳定的温度一定时间，直至灭菌结束，达到灭菌目的，灭菌时间为平衡时间与维持时间之和。关键灭菌参数包括温度范围、平衡时间、维持时间及温度均匀性。灭菌温度范围下限为灭菌温度，上限不应超出灭菌温度的+3℃。灭菌室容积小于800 L的灭菌器，平衡时间应不多于15 s；灭菌室容积大于等于800 L的灭菌器，平衡时间应不多于30 s。维持时间内，灭菌室参考点温度、包内所有点的温度及灭菌室压力计算所得对应饱和蒸汽的温度应在灭菌温度范围内，且同一时刻各点之间的温度差值不超过2℃。

3. 灭菌后处理阶段

灭菌后处理阶段包括排气和干燥。该阶段夹套持续加热，以保持温度。抽真空压力越低，水沸点越低，水分蒸发越快，利于干燥效果。对于产生冷凝水较多的器械，可在干燥阶段多次注入空气，以稀释此阶段的蒸汽含量，提高干燥效果。

（三）预设程序

大型预真空压力蒸汽灭菌器的控制系统应可预设一个或多个灭菌程序，包括B-D测试程序、真空泄露测试程序、器械灭菌程序、敷料灭菌程序等。不同灭菌程序的运行时间、设定参数也不相同。

1. B-D测试程序

大型预真空压力蒸汽灭菌器常规设有B-D测试程序。B-D测试是对能灭菌多孔负载的灭菌器是否能成功去除空气的测试。B-D测试程序要求预处理阶段和日常灭菌程序参数一致，灭菌时间不多于3.5 min。

大型预真空（包括脉动真空）压力蒸汽灭菌器在每日开始灭菌前，应空载进行B-D

测试，测试合格后方可使用。

2. 真空泄露测试程序

真空泄露测试用于验证真空状态下，灭菌室及其管路和部件的连接是否存在泄露。真空泄露测试应在空载条件下运行，当灭菌室压力为 7kPa 或以下时，关闭所有与灭菌室相连的阀门，停止真空泵运行，并至少维持 300 s，但不超过 600 s，使灭菌室中的冷凝水气化。再经过 600 s 测试时间后，计算测漏时升压速率，压力上升速度不应超过 0.13 kPa/ min。

3. 器械灭菌程序

器械灭菌程序是用于灭菌器械包的程序，灭菌设定温度为 132℃或 134℃，最短灭菌时间为 4 min。

4. 敷料灭菌程序

敷料灭菌程序是用于灭菌敷料包的程序，灭菌设定温度为 132℃或 134℃，最短灭菌时间 4 min。

另外，设备厂家可根据处理物品的不同，预设重载器械程序、橡胶制品及处理特殊物品的程序。

由于品牌及遵循的标准不同，灭菌器的具体参数有一定差异。下面以某品牌标准器械程序为例，详细介绍其灭菌操作过程。

在灭菌程序启动前的准备阶段，应先打开水、电、蒸汽及压缩空气供应系统，对灭菌器进行预热。蒸汽通过进汽阀进入夹套，排出残留的冷凝水，并预热夹套，直至夹套压力与腔体灭菌时压力基本一致，以减少灭菌过程中冷凝水的产生。见表 1.1。

表 1.1　灭菌器 PLC 自动控制程序操作

阶段	时间	过程	压力 /mbar	温度 /℃	程序操作
排气	0：00	第 1 次真空	1003	65.3	灭菌室门关闭，启动程序，设备进行锁门动作。将门密封圈压紧后开始进行第一次预排汽。排汽阀打开，真空泵启动开始抽真空。灭菌室内压力降至 67 mbar（设定值为 70 mbar）时，排汽阀和真空泵关闭
	3：07	第 1 次蒸汽注入	67	62.7	灭菌器控制系统对门锁状态及安全开关进行检查，确认无误后打开进汽阀，室内压力由 67 mbar 升至 1881 mbar 后关闭进汽阀

续表 1.1

阶段	时间	过程	压力 /mbar	温度 /℃	程序操作
排气	4：57	第 2 次真空	1881	115.1	排汽阀打开，灭菌室内的蒸汽经换热器冷却排出。压力由 1881 mbar 降至大气压后，再次启动真空泵。抽真空至 77 mbar（设定值为 80 mbar），关闭真空泵和排汽阀
	8：27	第 2 次蒸汽注入	77	77.7	开启进汽阀，再次注入蒸汽，压力由 77 mbar 升至 1793 mbar，关闭进汽阀
	10：15	第 3 次真空	1793	115.2	重复抽真空操作，压力由 1793 mbar 降至 78 mbar，真空过程结束。灭菌室的真空度对于冷空气残留影响较大。据测算，经三次脉动真空后，冷空气残留量可达到低于 0.02% 的水平。对蒸汽穿透和灭菌物品的预热有重要的意义
升温	13：37	升温	78	86.1	打开进汽阀，持续注入蒸汽。蒸汽接触物品表面，冷凝释放大量热量使物品升温
灭菌	17：27	灭菌	3063	134.1	达到灭菌温度 134℃后，温度保持相对稳定，持续 5 min。灭菌阶段热量流失会导致温度和压力波动，进汽阀向灭菌室内补入蒸汽，并排出冷凝水，故灭菌阶段内部的温度和压力均呈波动状态
	18：27		3066	134.3	
	19：27		3101	134.4	
	20：27		3087	134.5	
	21：27		3096	134.5	
	22：27		3068	134.3	
排气、干燥及压力平衡阶段	22：28	排出	3066	134.3	腔体排汽阀打开，腔体内的蒸汽经换热器冷却排出。压力由 3066 mbar 降至大气压后，启动真空泵，将灭菌室内蒸汽经由换热器抽至真空泵排出。压力降至 100 mbar 以下时，进入干燥阶段。干燥阶段真空泵持续抽真空 11 min，压力下降至 41 mbar，夹套保持高温，冷凝水持续气化。器械程序的干燥阶段中有 3 次真空脉动过程，完成器械负载的干燥。打开空气阀，注入空气，压力由 42 mbar 升至 946 mbar，平衡灭菌室内外压力
	26：28	干燥	97	92.6	
	37：39	空气注入	41	85.3	
	38：48	空气保持	795	75.4	
	40：18	排出	786	68.5	
	42：14	干燥	97	95.5	
	45：14	空气注入	42	88.3	
	46：21	空气保持	795	74.9	
	47：52	排出	785	65.8	
	49：46	干燥	95	97.1	
	52：47	空气注入，平衡灭菌室内外压力	42	87.2	

续表 1.1

阶段	时间	过程	压力 /mbar	温度 /℃	程序操作
结束	54：21	结束	946	69.7	真空泵动作，抽回门密封圈解锁，压力回至大气压，程序完成。打印运行过程，从卸载侧门进行卸载

注：1 个标准大气压 =1000 mbar=1 bar=101.3 kPa=0.1 MPa。

四、主要结构

大型预真空压力蒸汽灭菌器主要由灭菌器主体、管路系统、控制系统、蒸汽发生器（若配置）及附件等部分组成。

（一）灭菌器主体

包括腔体和门两个部分。

1. 腔体

腔体包括灭菌室、夹套及与腔体永久连接的相关部件。主要采用不锈钢材质，并有保温材料层。

灭菌室指放置待灭菌物品的空间，设置有蒸汽入口和蒸汽排出口。灭菌器类型不同，蒸汽入口位置略有不同。蒸汽排出口常位于底部或两端。

夹套则是环绕焊接在灭菌室外表面的不锈钢结构，实现机械加固，对灭菌室起保温作用。目前使用的灭菌器夹套主要采用强度较高的环形加强筋结构。

灭菌室和夹套属于压力容器，安装、操作及维护保养应符合《特种设备安全监察条例》《固定式压力容器安全技术监察规程》和 GB 150—2011 的规定。

2. 门

门主要由门板、加强槽钢、门罩、传动系统及控制元件组成。按照门传动系统类型的不同，门可分为电动机动门、电动平移门、气动升降门三种结构类型。

灭菌器门的设计及功能，应符合 GB 8599—2008 的要求。

（1）灭菌器的门应装有安全联锁装置，并具有与门开闭动作同步的报警功能。在正常工作条件下，当门未锁紧时，蒸汽不能进入灭菌室内，待灭菌室内压力完全释放后，方可开门。灭菌器的门关闭后，灭菌周期未开始前，可再次打开门。灭菌周期运行过程中，灭菌器的门应不能被打开。

（2）双门灭菌器包括装载侧门和卸载侧门。装载侧安装控制启动灭菌周期的控制元件。除了维修需要，应不能同时打开灭菌器的两个门。灭菌周期结束前，应不能打开卸载侧门。B-D 测试、空腔负载测试和真空泄露程序结束后，应不能打开卸载侧门。

（二）管路系统

管路系统主要包括管路、阀门、过滤器、真空泵、换热器、压力表和传感器等。

1. 管路

（1）进蒸汽管路：与蒸汽源直接相连，将蒸汽送至灭菌室或夹套。

（2）蒸汽疏水管路：将蒸汽冷凝水排出的管道。

（3）灭菌室排放管路：连接灭菌室与排放管路，是灭菌室内气体及冷凝水排出外部的通道。通常在设备排放口处安装温度传感器，作为程序的温度控制点。

（4）给水管路：向灭菌器提供冷却水，应在进水管路上安装单向阀。

（5）空气管路：将灭菌室和大气相连。当进行干燥程序时，通过空气管路向灭菌室导入过滤后的洁净空气，使灭菌室的压力与外界大气压平衡。

（6）自动门与灭菌室密封管路：使用蒸汽或压缩空气，实现自动门与灭菌室的密封。

2. 阀门

（1）安全阀：安全阀（图 1.3）是一种超压防护装置，在压力容器应用中是最为普遍的安全附件之一。其功能是当容器压力超过某一规定值时自动开启，迅速排放容器内的压力，并发出声响，警告操作人员采取降压措施。当压力恢复到允许值后，安全阀自动关闭，使容器压力始终低于允许范围的上限，防止超压酿成爆炸事故，保证压力容器的安全使用。

安全阀的检验必须符合《固定式压力容器安全技术监察规程》的规定。应定期进行检验，每年至少一次。

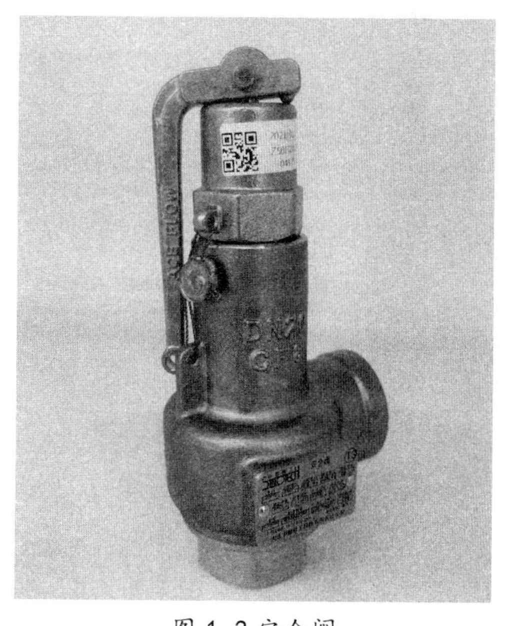

图 1.3 安全阀

（2）疏水阀：疏水阀（图 1.4）安装于灭菌器夹层、灭菌室疏水管路处，用于排出冷凝水，但不会使蒸汽外溢。

图 1.4 疏水阀

（3）气动阀：根据功能可分为进汽阀、排汽阀及空气阀。用于控制进汽、排汽和空气注入等。

（4）电磁阀：用于控制冷却水和压缩空气的供应。

3. 过滤器

灭菌器的过滤器（图 1.5）包括蒸汽过滤器、水过滤器及空气过滤器等。

（1）蒸汽过滤器：包括供汽管路过滤器和排汽管路过滤器。供汽管路过滤器可滤除蒸汽源中携带的颗粒杂质，防止进入减压阀、灭菌室及夹层。排汽管路过滤器可滤除蒸汽和空气中携带的颗粒及絮状物等杂质，防止其进入真空泵、换热器。

（2）水过滤器：主要安装在冷却水供给管路上。用于滤除水中的杂质，避免其进入真空泵、换热器。

（3）空气过滤器：安装于空气管路上。在灭菌周期的压力平衡阶段，空气经过滤器过滤净化后，导入灭菌室，平衡室内与外界的压力。可防止已灭菌的物品受到污染。

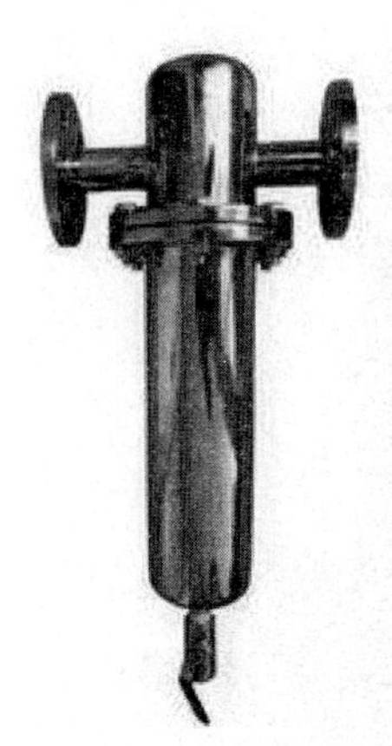

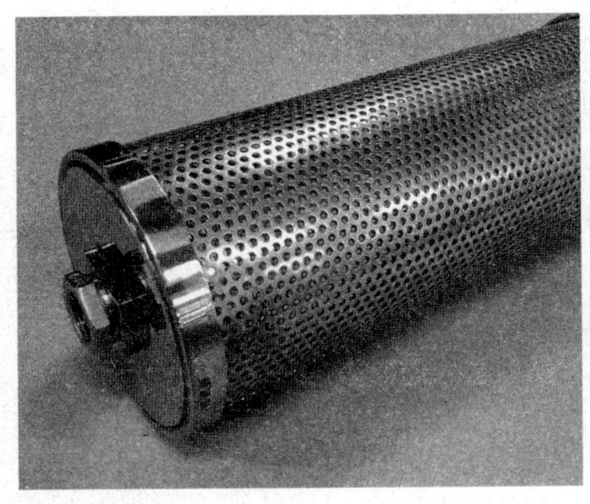

图 1.5 过滤器

4. 真空泵

真空泵是用于灭菌室形成真空的设备，常为水环式真空泵（图 1.6）。工作时通过给水管路连接外部水源，不断将水送至真空泵。用水温度越低，达到的极限真空度就越高。

图 1.6 水环式真空泵

5. 换热器

换热器主要用于灭菌室排出蒸汽的冷凝，可分为板式换热器（图 1.7）及管式换热器。蒸汽从换热管中通过，冷却水从换热管周围通过，经过热交换，蒸汽冷却后排出。

图 1.7 板式换热器

图 1.8 压力表

6. 压力表

大型预真空压力蒸汽灭菌器的压力表（图 1.8）可分为蒸汽压力表、压缩空气压力表和水压力表。压力表的准确度直接影响压力容器的安全。蒸汽压力表失灵或损坏，设备不应使用和运行。

进蒸汽管路应安装蒸汽源压力表。灭菌设备上安装的灭菌器夹套压力表及灭菌室压力表，分别用于显示蒸汽源压力、灭菌器夹套及灭菌室的压力。压缩空气管路和冷却水管路上还应安装压力表。

7. 传感器

（1）温度传感器：温度传感器（图 1.9）常采用铂热电阻，能感受温度，并转换成可输出的信号。灭菌器应至少提供两路独立的温度传感器，其中打印记录系统应有独立的传感器。

（2）压力传感器：压力传感器（图 1.10）能感受压力信号，将压力信号转换成可输出电信号的装置。用于监测控制灭菌过程中监测点的压力。

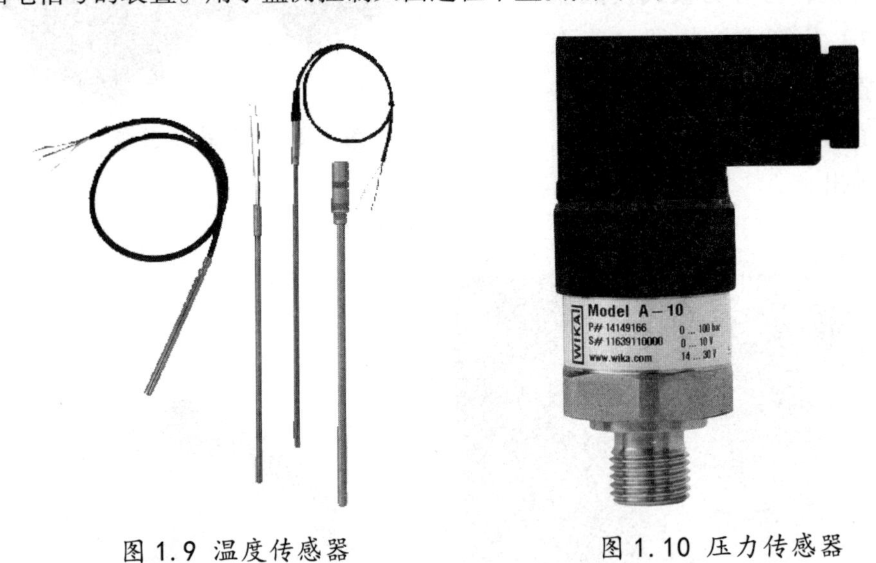

图 1.9 温度传感器　　　　图 1.10 压力传感器

（三）控制系统

控制系统（图 1.11）通常由 PLC 控制器、数字量输入和输出模块、AI 模拟量输入模块、打印机、前触摸屏及后操作面板组成。

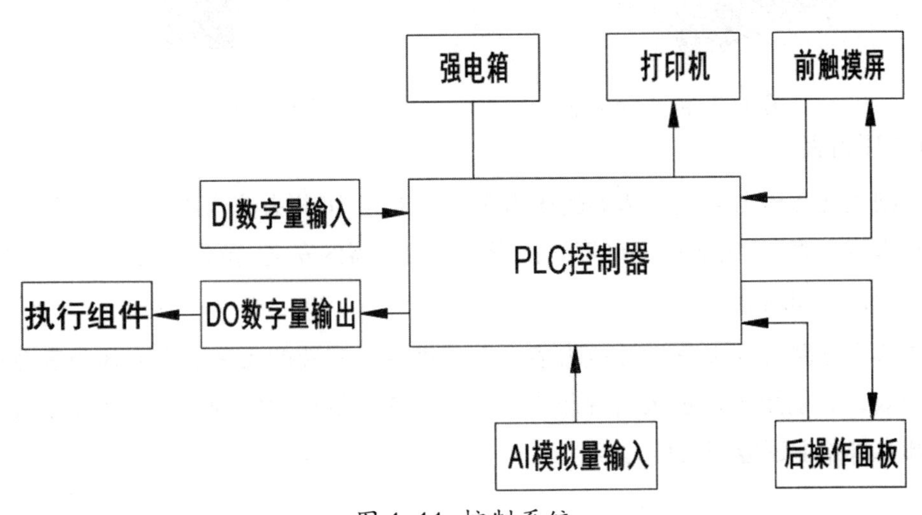

图 1.11 控制系统

（1）PLC 控制器：为设备核心处理器，可控制灭菌程序的进行。

（2）DI 数字量输入模块：将外界检测组件信号传递给控制器。

（3）DO 数字量输出模块：将控制器输出的控制信号传递给执行组件。

（4）AI 模拟量输入模块：将外界传感器采集的模拟量信号传递给控制器。

（5）打印机：记录程序循环过程中所有的数据。

（6）前触摸屏：主要是对灭菌器的输入输出进行操作。

（7）后操作面板：主要是对后门的操作及指示灯的输出。

（四）蒸汽发生器（若配置）

灭菌器自带蒸汽发生器，是利用电或蒸汽作为加热源，将纯净水进行加热产生蒸汽的装置，分为电加热和蒸汽加热两种类型。

1. 蒸汽发生器结构

蒸汽发生器结构（图 1.12）是由蒸发器容器、玻璃液位计、电热管、液位计探针及液位计桶组成。

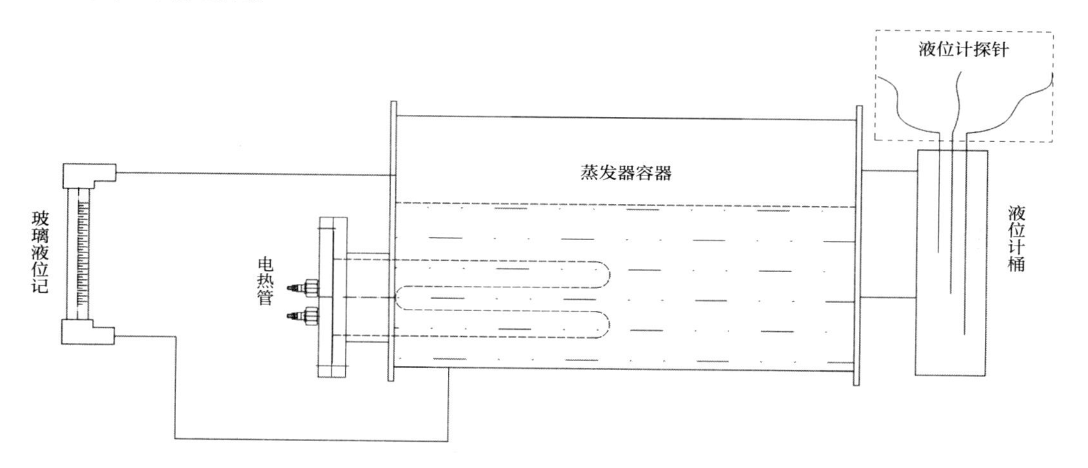

图 1.12 蒸汽发生器结构

2. 工作原理

蒸汽发生器的主要工作原理包括水位控制和加热控制。

蒸汽发生器属于压力容器，其安装、使用及维护保养应符合《特种设备安全监察条例》《固定式压力容器安全技术监察规程》的规定，配套的安全阀、压力表等安全附件也应由指定机构定期进行检验。

五、注意事项

（1）灭菌器正常工作条件应符合《大型蒸汽灭菌器技术要求　自动控制型》（GB 8599—2008）的要求。

①环境温度：5℃~40℃。

②相对湿度：≤85%。

③大气压力：70~106 kPa。

④使用电源：AC 220 V±22 V，50 Hz±1 Hz 或 AC 380 V±38 V，50 Hz±1 Hz。

⑤蒸汽汽源压力：0.3~0.6 MPa。

⑥蒸汽和水的质量：应符合 GB 8599—2008 附录 C 要求。

（2）每日设备运行前，灭菌操作人员应认真进行安全检查，检查内容包括以下几个方面：

①电源、水源、蒸汽、压缩空气等运行条件应符合设备设施要求。

②灭菌器腔体压力表处于“0”的位置。

③记录打印装置处于备用状态。

④灭菌器柜门密封圈平整无损坏，柜门安全锁扣灵活、安全有效。

⑤灭菌室排气口滤网清洁，冷凝水排出口通畅，灭菌室内壁清洁。

⑥蒸汽主管道排放冷凝水。

（3）遵循厂家使用说明书对灭菌器进行预热。

（4）大型预真空压力蒸汽灭菌器应在每日开始灭菌运行前，空载进行 B-D 试验。

（5）待灭菌器械物品的清洗质量、包装质量，以及灭菌包的重量、体积和装载方式等应符合标准要求。并根据灭菌器械物品的类型，正确选择灭菌程序。

（6）灭菌程序运行中，灭菌人员应坚守工作岗位，严格执行操作规程，密切观察灭菌时温度、压力和时间等灭菌参数及设备运行状况。灭菌程序结束后，压力表在蒸汽排尽时，应在“0”位。

（7）应遵循 WS 310.2 要求，对灭菌物品进行卸载、灭菌有效性确认和湿包检查。

（8）应遵循 WS 310.3 要求，对大型压力蒸汽灭菌器进行日常监测与定期监测，监测结果应符合要求。

（9）大型压力蒸汽灭菌器新安装、移位和大修后，应严格按照 WS 310.3 要求进行监测。监测合格后，方可使用。

（10）灭菌人员及维修人员在操作、检查、维护保养及排除故障时，应做好职业防护。灭菌器冷却后，对灭菌器进行日常清洁保养，并记录。

（11）影响大型压力蒸汽灭菌器质量的因素较多，还包括：真空泵效果下降、自控系统故障、灭菌室密封性能下降、过度装载、排气口堵塞等造成空气排除不彻底，导致待灭菌包内部不能达到灭菌要求；蒸汽质量较差，蒸汽压力不稳定，过热蒸汽或大量不饱和蒸汽进入灭菌室，影响蒸汽对器械物品的穿透及温度上升；供气管路堵塞、汽水分离器阻塞、自控系统及机械故障等造成灭菌温度过低；自控系统故障、计时不准确等造成灭菌时间不足；等等。对于这些问题，应给予高度重视，加强对大型压力蒸汽灭菌器的维护保养，确保灭菌质量。

六、维护保养

（一）日常维护

（1）清洁灭菌室内壁、灭菌室排气口滤网、门密封圈及设备外表面等部位。

（2）检查压力表的准确度。灭菌器运行停止后，压力表指针应归于“0”位。

（3）检查设备的打印装置功能保持正常。

（4）排出压缩空气过滤器中的水和杂质。

（5）对于自带蒸汽发生器的设备，应对蒸汽发生器进行排水。

（二）定期维护

（1）检测灭菌程序的温度、压力和时间，应符合要求。

（2）检查进水管路过滤器，并进行清洁。

（3）检查管道的单向阀，功能应良好。

（4）检查空气过滤器，并根据需要进行更换。

（5）检查真空泵，必要时使用专用化学除垢剂进行除垢处理。

（6）检查蒸汽管路过滤器，并进行清理。

（7）检查门密封圈并清洁，必要时更换。

（8）检查门运动部件，保证运行正常。

（9）检查控制系统元件，并进行除尘。

（10）检查压力传感器及其与灭菌器主体连接的管路无泄漏。

（11）检测安全阀及压力表，在有效期内正常使用。

（12）自带蒸发器的设备应检查蒸汽发生器，定期排污，必要时进行清洁除垢。

（13）每年应遵循 WS 310.3 要求以及生产厂家使用说明书进行年度检测。

第二节　小型蒸汽灭菌器

小型蒸汽灭菌器（图 1.13）是以饱和蒸汽为介质，在高温条件下达到灭菌效果，且体积小于 60 L 的灭菌设备。

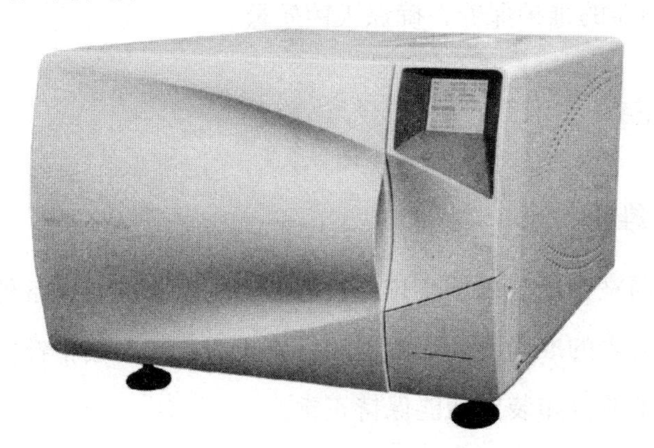

图 1.13 小型蒸汽灭菌器

一、适用范围

小型蒸汽灭菌器的灭菌室体积不超过 60 L，不能装载一个灭菌单元（300 ㎜ × 300 ㎜ × 600 ㎜）。可供医疗卫生、科研等单位医疗器械、实验室器皿、培养基、非封闭液体或制剂，以及与血液或体液可能接触的材料的灭菌。

二、主要分类

根据《小型蒸汽灭菌器　自动控制型》（YY/T 0646—2015），小型蒸汽灭菌器按特定灭菌负载范围和灭菌周期，可分为 B、N、S 三种周期类型（表 1.2）。

表 1.2　小型蒸汽灭菌器周期类型

类型	灭菌负载范围	灭菌周期
B	用于所有包装的和无包装的实心负载、A 类空腔负载和标准中要求作为检测用的多孔渗透性负载的灭菌	至少包含 B 类灭菌周期

续表 1.2

类型	灭菌负载范围	灭菌周期
N	用于无包装的实心负载的灭菌	只有 N 类灭菌周期
S	用于制造商规定的特殊灭菌物品，包括无包装实心负载和至少以下一种情况：多孔渗透性物品、小量多孔渗透性混合物、A 类空腔负载、B 类空腔负载、单层包装物品和多层包装物品的灭菌	至少包含 S 类灭菌周期

无包装负载灭菌后应立即使用，或在无菌状态下储存、运输和应用。不同类型的灭菌周期，只能应用于指定类型物品的灭菌。故应根据灭菌负载的范围，选择合适的小型蒸汽灭菌器类型。

对于一个特定负载，灭菌器类型和灭菌周期的选择，以及媒介的提供具有特异性。因此，对特定负载的灭菌过程应通过验证。

三、灭菌原理及灭菌程序

（一）灭菌原理

小型蒸汽灭菌器是利用湿热杀灭微生物，其灭菌原理与大型预真空压力蒸汽灭菌器相同。

（二）灭菌程序

小型蒸汽灭菌器在灭菌阶段前，不同程序可采用下排气、预真空排气、正压脉动排气等方式，尽可能排除内室冷空气，使蒸汽穿透灭菌物品，并达到灭菌温度。冷空气的存在是造成灭菌失败的主要因素。预真空排气式灭菌器对冷空气排除较彻底，蒸汽穿透迅速，具有灭菌快速、彻底的优点，是目前医院主要采用的小型蒸汽灭菌器类型，其灭菌程序包括三次以上预真空和充汽的脉动排气、灭菌、后排气和干燥等过程，具体操作方法遵循厂家使用说明书或指导手册。

依据 YY/T 0646—2015 中的相关试验，不同品牌、型号的小型蒸汽灭菌器的，灭菌周期有所不同。常用灭菌周期的特点如下。

B类灭菌周期（图1.14）：具有多次脉动真空的程序周期。主要特点是设定有预真空阶段和干燥阶段。多次脉动真空可将管腔内、多孔渗透性物品的冷空气有效排除，物品灭菌后进入干燥阶段。灭菌周期时间与大型预真空压力蒸汽灭菌器相近。

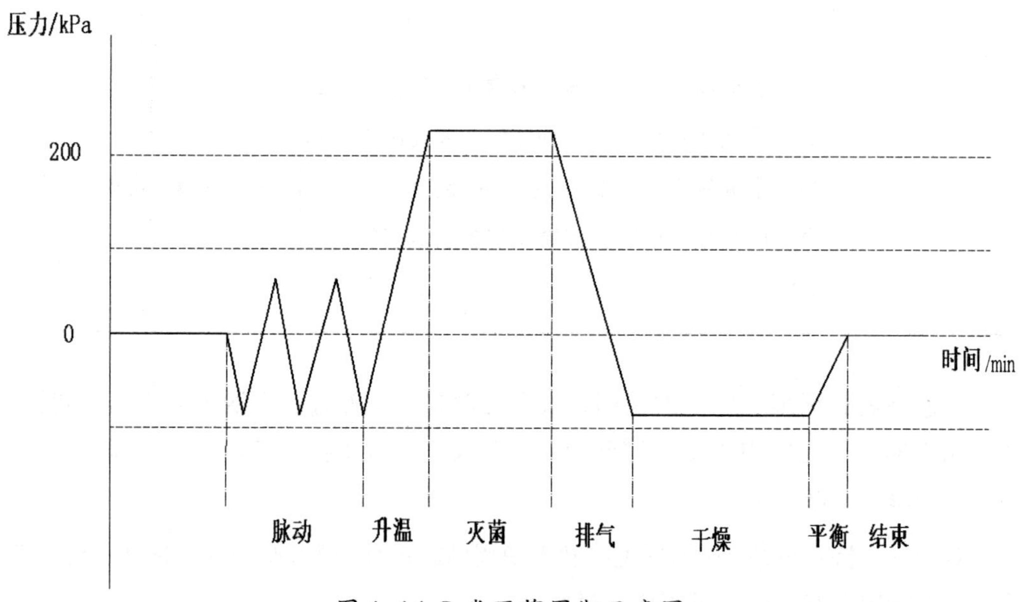

图1.14 B类灭菌周期示意图

N类灭菌周期（图1.15）：主要特点是无预真空和干燥阶段，以缩短灭菌时间。N类灭菌周期对冷空气进行重力置换后，进行升温升压，直接灭菌。灭菌后排气，达到压力平衡后结束。

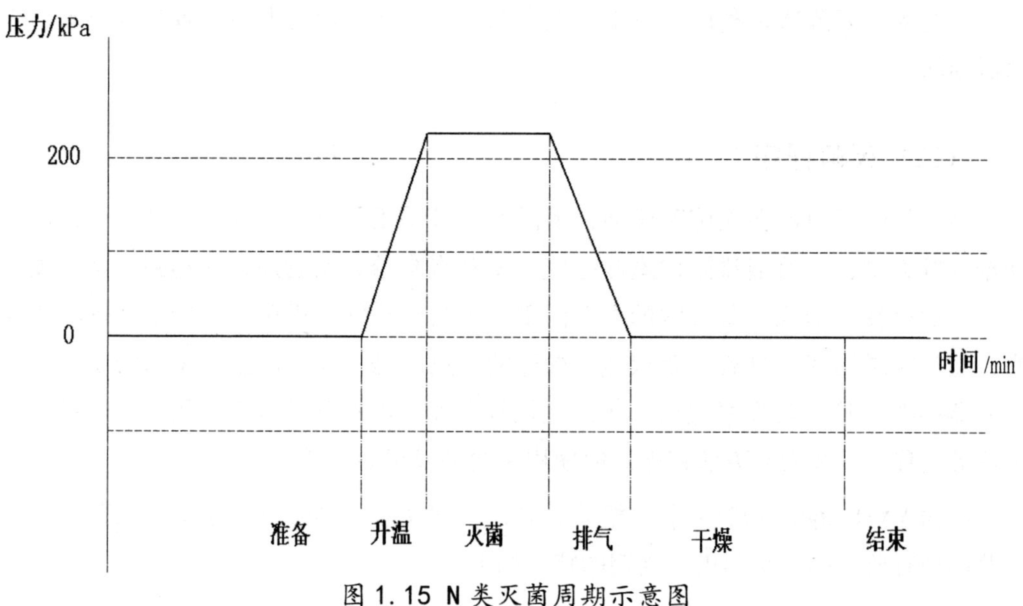

图1.15 N类灭菌周期示意图

S类灭菌周期（图1.16）：主要特点是通过特定的冷空气排除方式，实现对无包装实心负载和设备生产厂家规定的特殊物品的灭菌。N类灭菌周期的特定方式可为多次正压脉动或一次负压多次正压脉动，或通过特定工艺对特殊管腔进行灭菌。

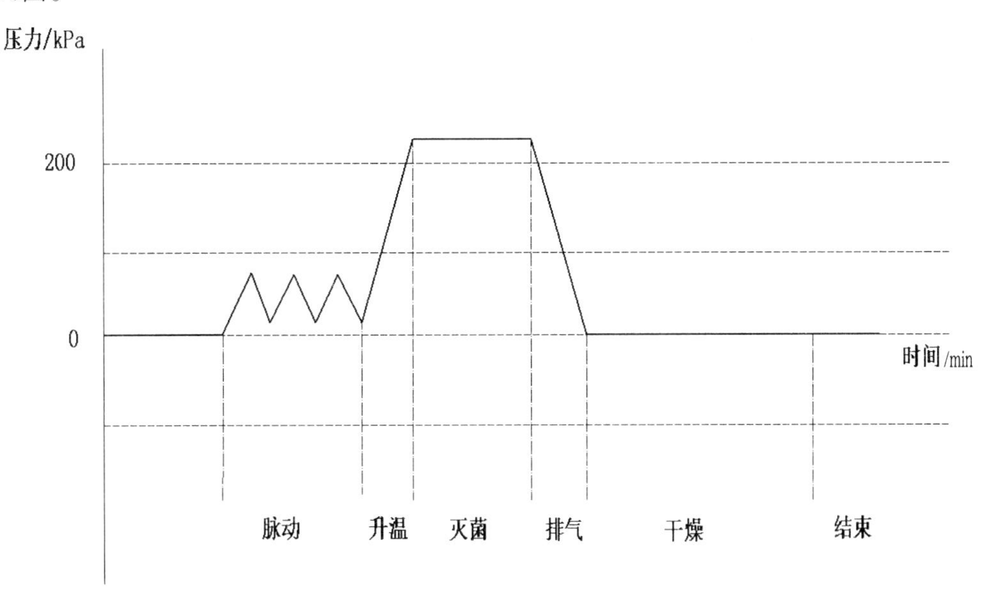

图1.16 S类灭菌周期示意图

四、主要结构

常规小型蒸汽灭菌器由灭菌器主体、密封门、管路系统、控制系统及附件等组成。其主要结构与大型压力蒸汽灭菌器相同。

（一）灭菌器主体

灭菌器主体为盛放灭菌物品的灭菌室，是设备的重要承压元件，大部分为圆形。

（二）密封门

密封门与主体通过密封圈进行密封。密封圈常采用特殊配方的硅橡胶材料，可有效地保证其在高温工作环境下的稳定性及可靠性。

密封门结构分为手动门结构和自动门结构，并安装安全联锁装置，具备报警功能。在工作条件下，密封门未锁紧时，蒸汽不能进入灭菌器内室。安全联锁装置应保证在灭菌器运行过程中密封门不能被打开。当内室压力完全被释放后才能打开密封门，否则不能打开，且会报警。

（三）管路系统

1. 管路

（1）注水及进汽管路：主要由蒸汽发生器、电磁阀及注水泵等组成。经注水泵往蒸汽发生器注水，生成灭菌用蒸汽。蒸汽经进汽管路导入灭菌室。

（2）抽空/排气管路：主要由过滤器、单向阀、抽空/排气阀、慢排阀（若配置）、冷凝器等组成。用于排除灭菌室蒸汽，带真空功能的设备可通过真空系统完成抽真空的过程。

（3）空气管路：主要由空气过滤器、电磁阀及单向阀等组成。空气经空气过滤器过滤后，通过空气管路进入灭菌室，以平衡灭菌室压力。

（4）安全阀管路：灭菌室通过安全阀管路连接安全阀，确保灭菌室内压力过高时自动泄压。

2. 阀门

阀门包括安全阀和电磁阀，其结构与功能与大型预真空压力蒸汽灭菌器相同。安全阀的检验应符合《固定式压力容器安全技术监察规程》的规定，每年至少进行一次定期检验。

3. 过滤器

过滤器包括蒸汽过滤器、空气过滤器及水过滤器等。

4. 真空系统

真空系统是使灭菌室形成真空的系统，有隔膜式真空泵、活塞式真空泵及水环式真空泵等。

5. 传感器

温度和压力是影响灭菌质量的重要指标。灭菌器夹层与灭菌室安装温度传感器和压力传感器，使用中温度传感器的精度至少为 ±1%，使用压力传感器的精度至少为 ±1.6%。若温度传感器、压力传感器出现故障或损坏，应立即停用灭菌器，及时维修。

6. 压力表

灭菌室应安装压力表，用于显示灭菌室内压力。压力表的准确度直接影响压力容器的安全。若压力表失灵或损坏，应立即停用该灭菌器，及时维修。

（四）控制系统

1. 过程控制

灭菌器应配置控制器，并通过使用权限控制工具，对灭菌周期各阶段的参数进行编程预置。在周期运行过程中，自动控制系统可监测各流程参数按照原设定的参数执行。灭菌过程可通过压力控制或温度控制进行阶段控制。

2. 故障指示系统

灭菌器应配置故障指示系统和记录装置，提供故障指示，并记录相应的故障。

3. 预设多项灭菌程序

根据不同的负载类型，设置不同类型的灭菌程序，包括器械灭菌程序、敷料灭菌程序、真空泄露测试程序等，不同程序的运行参数不同。

4. 打印记录系统

记录装置可以为数字式或模拟式。灭菌过程中的所有数据均应记录。模拟式记录装置应把温度和压力记录在同一张表格内，压力和温度的刻度应配合一致。数字式记录装置的采样数据不需要全部打印，但其打印内容应至少包括灭菌周期中的重要转折点及灭菌阶段的信息。

（五）附件

（1）水箱：是盛放灭菌器蒸汽供给水的容器，分为自带的内置水箱和外置水箱。灭菌前应检查评估水箱内的水量，并定期清洁。

（2）支架、托盘及卡式盒：是各类小型蒸汽灭菌器配备的专用用具，用于装载灭菌物品。

五、注意事项

（1）小型蒸汽灭菌器正常工作条件应符合《小型蒸汽灭菌器　自动控制型》（YY/T 0604—2015）的要求。

①环境温度：5℃ ~ 40℃。

②相对湿度：≤ 85%。

③大气压力：70 ~ 106 kPa。

④供电电源：AC 220 V ± 22 V，50 Hz ± 1 Hz 或 AC 380 V ± 38 V，50 Hz ± 1 Hz。

⑤灭菌器用水，应符合 YY/T 0646—2015 的要求。

（2）待灭菌器械或物品的清洗质量、包装质量、装载方式等应符合标准要求。

（3）应根据灭菌负载范围选择恰当的灭菌周期。

（4）对液体灭菌时，应使用液体灭菌程序。液体应用专用容器盛装，如硼硅玻璃瓶不可用螺丝帽或橡皮塞等密闭封装。禁止对可燃性液体灭菌。液体灭菌程序结束后，避免立即开门，待冷却至适当温度后，方可移至储存架。

（5）灭菌过程中，严格执行操作规程，严密观察灭菌温度、压力和时间等灭菌参数，应符合要求。

（6）灭菌结束后，待灭菌室内压力回至“0”位，方可打开灭菌器密封门。

（7）待无菌物品冷却至室温后，规范卸载，确认灭菌过程合格，并进行湿包检查。

（8）设备运行时，若出现循环失败，应等待程序自动处理结束后，再打开密封门。若垫圈处有水漏出，不可打开密封门，应立即联系专业维修人员处理。

（9）小型蒸汽灭菌器安装、移位和大修后，应严格按照 WS 310.3 要求进行监测。监测合格后方可使用。

六、维护保养

（一）日常维护

（1）清洁设备外表面、灭菌室内壁、支架及托盘，保持其干燥无污物。

（2）清洁密封圈，保持表面无污物，并检查其无老化变形。

（3）使用软布清洁显示屏表面，并检查显示正常，设备运行时无报警。

（4）设备运行前，检查打印记录装置处于备用状态。

（5）若配置水箱，应检查其水量，并及时加水。

（6）若配置压力表，应检查其指针保持正常。灭菌器运行停止后，压力表指针应处于“0”位。

（二）定期维护

（1）清洁过滤装置，保持其洁净、通畅、无堵塞。

（2）清洁水箱，保持水箱内壁无污物。

（3）检查密封门运动部件，其应灵活，必要时添加润滑剂。

（4）检查密封圈，并清洁或更换。

（5）检查控制系统元件，并进行除尘。

（6）检查空气过滤器，并根据需要进行更换。

（7）每年应检测灭菌程序的温度、压力和时间等参数，使其符合要求。

（8）每年应检测、校验安全阀及压力表，使其在有效期内正常使用。应根据生产厂家提供的使用说明书进行年度检测。

第二章　大型压力蒸汽灭菌器的使用与管理

第一节　大型压力蒸汽灭菌器的管理与职责

一、大型压力蒸汽灭菌器的管理要求

医院设备管理是根据设备管理的原则、程序和方法，对设备的整个生命周期的管理，包括对从设备选购、采购、使用、技术保障到报废处理的全过程进行计划、指导、维护控制和监督，也包括医疗设备的验收、安装、调试、使用、维修等技术方面的管理，以及医疗设备的资金来源、经费预算、投资决策、维修费用支出、财务管理、使用评价经济效益分析等资产方面的管理。

大型压力蒸汽灭菌器的使用与管理是医院设备管理的重要组成部分，可以确保设备处于完好状态，随时投入运行。设备安全、可靠地运行，降低设备故障率，延长使用寿命，降低设备运行和维修成本是大型压力蒸汽灭菌器的管理目标，也是医疗机构提高社会效益和经济效益的重要任务。

（一）大型压力蒸汽灭菌器的管理现状

长期以来，和用于诊疗的医疗设备不同，大型压力蒸汽灭菌器受重视程度相对不足，存在管理责任不明确、落实不到位、部分制度缺失、人员严重缺乏的情况。大型压力蒸汽灭菌器的管理现状具体表现如下。

1. 管理制度不健全

大型压力蒸汽灭菌器的日常管理机制需进一步细化、规范，加强落实，应将日常管理与考核机制结合起来，从根本上排除使用安全隐患，降低使用中的维保成本。

2. 人员配备不到位

由于部分医疗机构对特种设备的管理意识较淡薄，缺乏相应的管理人员，内部技术力量薄弱，缺少持续有效的监督检查。目前部分医院存在“重医轻工”的现象，忽视了医疗设备管理工作的重要性，在医院的人力资源配置中，缺乏医疗设备管理、维修方面的专业技术型人才，现有工作人员缺乏过硬的专业理论基础，外出进修、培训的机会较少，因此在管理、维修方面较简单。

3. 设备日常维护不及时

与临床使用的医疗设备的周期性维护保养不同，大型压力蒸汽灭菌器等特种设备在医院的维护保养相对松散、滞后，没有足够的人员进行日常维护与保养，也未委托有资质的第三方进行定期维保，仅有部分使用科室安排人员进行每日巡查，不能及时排除设备的安全隐患。

4. 监督检查不落地

按照相关法律法规要求，大型压力蒸汽灭菌器的操作人员应考取特种设备操作证书，针对设备实际操作、管理及相关法律法规等内容对操作人员进行定期培训和应急演练，提高人员安全生产意识。目前，医院内部对使用人员的监督检查还应继续加强，杜绝安全管理漏洞。

5. 档案管理不完整

部分医院对特种设备档案管理意识较淡薄，缺乏专人管理，管理制度不完善，存在档案内容不全及缺失的情况。另外，信息化水平不高，在数据的动态收集和管理方面存在缺陷，难以实现信息的深层次加工；管理系统平台比较落后，现有设备管理软件大都难以满足医院需求。

（二）大型压力蒸汽灭菌器的管理目标

1. 确保使用安全性

（1）合理配置大型压力蒸汽灭菌器及配套设施，设备设施应符合国家相关标准。

（2）操作人员应按安全操作规程操作。

（3）灭菌操作符合医院感染预防与控制要求，灭菌效果安全可靠。

（4）在大型压力蒸汽灭菌器安装和拆除的过程中，要做好项目管理，避免生产安全事故发生。

2. 降低故障发生率

（1）保证合格的水、电、汽等能源基础条件。

（2）确保规范的操作流程。

（3）严格执行日常维护。

3. 延长设备使用寿命

（1）提供合格的水、电、汽等能源基础条件，为设备安装和使用提供保障。

（2）按设备使用说明书进行操作，杜绝违规操作。

（3）建立健全良好的设备管理体系和定期维护保养机制。

二、大型压力蒸汽灭菌器的管理措施

（一）加强人员队伍建设

（1）可引进高素质、高学历的工程技术人员。

（2）制订完善的医疗设备维护人员管理制度，建设学术交流平台，提升维保人员的专业素质和综合素养。

（3）在医院的临床科室内部建立沟通平台，便于对设备的使用维护进行沟通。

（二）建立健全管理制度

通过科学的规章制度来规范大型压力蒸汽灭菌器的使用行为，确保管理、维修人员顺利开展工作。管理制度需要包含以下几个方面：①设备管理、维保部门的组织架构；②明确部门工作人员的工作职责；③针对管理、维保人员的培训方案与考核机制。

对科室设备操作员应进行专业的操作培训，并对其操作进行考核，主要采用理论和实际操作相结合的方式进行考核。应结合医院实际情况不断优化和完善，使其符合医院的发展需求。

（三）加强对大型压力蒸汽灭菌器全生命周期的管理

1. 由专业采购人员进行采购工作

采购人员根据使用部门的采购申请书，与相关部门进行沟通，待得到审批后，采购人员分析市场价格，选择质量优越、价格合理的医疗设备，确保采购工作科学、合理。

2. 建立健全的维护保养制度

（1）明确各项维护与保养的注意事项。

（2）工程技术人员对医疗设备进行监督与检查，做好医疗设备的检测与维护保养，及时排除潜在故障隐患，保证大型压力蒸汽灭菌器的使用质量。

（3）进行周期性的检测与维护，制定科学合理的维护周期，确保维护效率，保障维护质量。

3. 加强对报废医疗设备的管理

制定大型压力蒸汽灭菌器报废制度。报废大型压力蒸汽灭菌器需要提前以书面形式向管理部门提出申请，收到申请之后安排专业人员进行排查，然后根据排查结果核实申请，对于报废设备一般需进行第二次检查，充分利用可使用的有价值的零部件，为医院节约成本。

4. 建立设备档案，规范信息化管理

大型压力蒸汽灭菌器作为特种设备，还应严格按照《特种设备安全监察条例》中的规定执行，其中第二十六条规定特种设备使用单位应当建立特种设备安全技术档案。安全技术档案应当包括以下内容：

（1）特种设备的设计文件、制造单位、产品质量合格证明、使用维护说明等文件以及安装技术文件和资料。

（2）特种设备的定期检验和定期自行检查的记录。

（3）特种设备的日常使用状况记录。

（4）特种设备及其安全附件、安全保护装置、测量调控装置及有关附属仪器仪表的日常维护保养记录。

（5）特种设备运行故障和事故记录。

（6）高耗能特种设备的能效测试报告、能耗状况记录以及节能改造技术资料。

医院在策划购置设备信息时，要注重维修资料的完整性，包括日常维护记录和保修记录的管理，建立结构化查询数据。主要包含以下几点：①医疗设备的台账管理工作；②医疗设备的质量控制；③医疗设备指定时间段的管理报表等。利用现代化信息平台，将维修记录与医院的信息系统有效对接，实现信息资料共享。根据信息化数据实现动态监管，对大型压力蒸汽灭菌器进行终身跟踪管理，不断提高维修水平和效率。

三、大型压力蒸汽灭菌器的管理方式

（一）建立并完善设备科三级管理模式

（1）按照医院规模，实现科长—维修组长—技术人员的三级责任管理，技术人员根据医院设备情况合理配比，维修装备和检测仪器齐全，三级责任层层推进，合理分工。

（2）强化制度，严格管理，组成维修技术互助小组，提高服务水平。强调日常预防性维护，尽可能降低设备的故障率。

（3）培养技术全面的维修工程师，能够适应医疗设备的精密化、智能化发展，并不断进步。

（4）为了提高技术人员的能力和效率，对其学识水平进行周期检测，并根据反馈意见进行改进和督导。

（二）建立预防性维护体系

预防性维护强调事前，即在故障没有发生之前，技术人员应做到早发现、早预警，保证规律的安检和维护。预防性维护的必要性在于：①预防性维护相较于传统维修，可以防患于未然，并降低设备故障率；②预防性维护可以有效地延长设备生命周期，使维修成本降低；③通过预防性维护可以全面了解设备的性能和使用状况，确保设备始终高效运转，还可有效降低医疗风险。

预防性维护包括日常维护及定期维护。日常维护是基础工作，可由科室设备专管员完成，主要工作是保持设备清洁和日常自检，每日维护完毕后需要进行一级保养登记。定期维护是由技术人员完成的二级保养，主要工作是定期进行设备内部维护和保养，需要实施质控，检查一些潜在隐患。定期检查完毕后要及时进行设备维修保养记录并做设备档案登记。

（三）建立开展消毒灭菌工作的管理模式

1. 集中管理

医疗机构多台大型压力蒸汽灭菌器集中由消毒供应中心管理，其他科室不配置大型压力蒸汽灭菌器。集中管理的优点是资源共享、节约成本。

2. 分散管理

将大型压力蒸汽灭菌器配置给有灭菌需求的科室，日常设备管理由各科室分别负责。分散管理优点是灭菌物品运输路线短，灭菌物品可以有较少的库存量。

3. 半集中管理

医疗机构多台大型压力蒸汽灭菌器集中由消毒供应中心管理；对于个别科室，灭菌物品精密、细小、周转要求高等，对灭菌工作有个性化需求的，可以适当分别配备大型压力蒸汽灭菌器，设备由各科室分别负责管理。

四、大型压力蒸汽灭菌器的管理职责

（一）设备管理监督机构

1. 药监系统

医疗器械检验检测机构根据企业的检测需求定期安排大型压力蒸汽灭菌器检测；药监部门受理和审评企业的大型压力蒸汽灭菌器注册申请，合格后予以发放医疗器械注册证。

2. 市场监督系统

受理大型压力蒸汽灭菌器特殊设备使用申请，合格后予以发放特种设备使用登记证；定期给予校验大型压力蒸汽灭菌器及附属设施的安全阀、压力表，并出具检测报告；组织大型压力蒸汽灭菌器操作人员特种设备培训及发放相应上岗证。

（二）医院设备管理部门

（1）根据国家有关规定，建立完善本机构医学装备管理工作制度并监督执行。

（2）负责医学装备发展规划和年度计划的组织、制订、实施等工作。

（3）负责医学装备购置、验收、质控、维护、修理、应用分析和处置等全程管理。

（4）收集相关政策法规和医学装备信息，提供决策参考依据。

（5）组织本机构医学装备管理相关人员专业培训。

（6）保障医学装备正常使用：

①如属于特种设备管理范围，及时申报办理特种设备使用证书。

②大型压力蒸汽灭菌器操作说明、技术资料等妥善留存。

③做好大型压力蒸汽灭菌器资产的实物管理。

④定期检测压力表、安全阀，定期检测大型压力蒸汽灭菌器。

⑤定期维护保养大型压力蒸汽灭菌器，设备故障及时维修。

（7）完成卫生行政部门和机构领导交办的其他工作。

（三）设备操作使用相关部门

（1）若新增或更新大型压力蒸汽灭菌器，做好选型、论证及项目实施规划。

（2）制定安全操作规程，在大型压力蒸汽灭菌器运行前做好安全检查。

（3）根据灭菌物品选用相应程序。

（4）按照相应标准卸载。

（5）做好各类灭菌效果的监测并记录。

（6）做好备品配件计划。

（7）定期检测安全阀、压力表等。

（8）按说明书要求做好日常维护。

（9）若有故障及时报修，提高设备使用率。

（10）尽力统筹降低设备能耗。

第二节　大型压力蒸汽灭菌器的使用管理与故障处理流程

一、大型压力蒸汽灭菌器的使用管理

1. 维修人员要求

（1）厂家维修人员应接受设备生产厂家培训并经考核合格后方可上岗，并在医院设备管理部门备案。

（2）维修前，维修人员应通知临床机构的设备管理部门，并在设备管理部门的监督下进行维修。

2. 配件管理

（1）设备专用配件应采购原厂全新配件，并可追溯来源。

（2）设备通用配件应采购满足要求的合格配件，并可追溯来源。

3. 预防性维修

对设备运行状态进行监测，发现设备的潜在隐患，及时进行预防性维修，防止故障发生。

二、大型压力蒸汽灭菌器的故障处理流程

1. 故障维修流程

（1）大型压力蒸汽灭菌器发生故障后，设备使用科室应立即停止使用并悬挂故障标识牌，然后向设备管理部门报修。

（2）设备管理部门接到报修后应立即前往现场进行检修。

（3）若故障可经软件调试或校准恢复，则应尽快恢复；若需更换配件，则应按照维修管理制度进行采购或联系设备厂家认可的维保服务商进行更换。

（4）故障维修完成后，应由维修人员与设备操作人员共同进行测试验收，验收通过后方可继续使用。

（5）如有需要，应按照 WS 310.3 的要求进行物理监测、化学监测和生物监测，合格后方可使用。

（6）设备维修完成后，设备使用科室应将故障标识牌更换为正常。

2. 故障上报要求

（1）大型压力蒸汽灭菌器发生故障后，若属于不良事件，设备使用科室应按照“可疑即报”原则及时上报设备管理部门或不良事件院内管理部门，应在规定时间内按照院内流程上报相关部门。

（2）大型压力蒸汽灭菌器发生故障后，若属于安全事故，设备管理部门应及时向安全监管部门上报。

（3）设备管理部门应汇总大型压力蒸汽灭菌器的故障发生情况，每年定期向设备管理委员会通报。

第三节　大型压力蒸汽灭菌器的档案管理

一、大型压力蒸汽灭菌器档案管理体系

档案管理是信息管理的一个重要组成部分，是重要的法律文件，也是处理由医疗设备引起的各种纠纷的法律依据。根据《中华人民共和国档案法》《医疗卫生机

构医学装备管理办法》等法律法规的规定，大型压力蒸汽灭菌器的文件原始资料必须以档案方式保存、管理。由专人从事医疗设备档案管理工作，及时收集有关设备的档案、类目设置、编制案卷目录及文件目录，档案管理规范要求做到真实、完整、动态，保证医疗设备档案内在质量的稳定性。

参照国家档案分类的有关规定，结合医疗设备管理的特性设置档案类目，必须保证类目清楚，避免不同类目文件交叉立卷，避免割裂文件材料的有机联系。档案管理应符合以下要求：

（1）真实性。档案资料收集对象应为原始资料，应在医疗设备管理的各个环节随时收集各种原始资料。

（2）完整性。档案资料必须完整，根据档案内容要求收集、整理并装订成完整的档案资料。一般收集的原始资料不可外借，应以复印件方式借出，原始资料必须借出时，应严格办理手续限期归还，防止流失。

（3）动态管理。动态档案产生于医疗设备的运行过程中，随时有新的资料产生，如各种保修合同，设备的维修、检测、计量记录等。档案内容应及时进行动态更新。

（4）分类明确。①大型压力蒸汽灭菌器成交价格为10万元以上（含10万元）的，要求建立全过程档案；②大型压力蒸汽灭菌器成交价格为10万元以下的，医疗卫生机构可根据实际情况确定具体管理方式。通常可建立简易档案，包含设备技术资料与管理资料，主要包括采购资料、技术资料及使用维修资料。

（一）大型压力蒸汽灭菌器档案管理机构的建设

大型压力蒸汽灭菌器应严格按照《医疗器械监督管理条例》的规定对档案进行管理。大型压力蒸汽灭菌器从计划采购、安装验收、临床使用、维修维护直至淘汰报废的整个过程都存在大量的文书资料，需要建立完整的设备档案。通常，大型压力蒸汽灭菌器的档案应由医疗机构的医学工程管理部门统一管理。

大型压力蒸汽灭菌器档案管理机构的建设对管理设备的运转性能及可靠性，提高医院服务质量，促进其实现健康、可持续发展起到积极的推动作用。

设备档案管理制度是医院档案建立与管理工作的重要组成部分。在保持统一领导、责任落实的基础上，建立健全的设备档案管理制度能为大型压力蒸汽灭菌器的后期使用和维修等提供便利条件。

1. 强化医院管理层的档案管理职能

医院管理层作为医院事业发展的负责人，直接领导、组织开展设备档案管理工作。医疗设备档案管理是现阶段医院各项工作中的基础内容，做好医疗设备档案管理工作、切实推进医院各项工作的稳定发展，是医院管理者肩负的重要职责。强化医院管理层对设备档案管理职能的责任意识，提高医疗设备档案管理质量，规划医疗设备档案管理的整体方案，能为医疗设备档案管理始终保持正确的发展方向提供保障。

2. 构建科学高效的组织体系

科学高效的组织体系是建立协同机制的保障。权责清晰、职能明确的组织体系，是医疗设备档案管理协同工作的关键举措：由医院党委行政班子直接领导，在医院行政部门的支持下，构建以档案管理部门为核心，各职能部门为支干的档案管理组织体系。各个部门应本着协同合作的原则，以完善医疗设备档案管理为目的，清晰界定各自的权利与责任，确保设备档案管理的有序推进。

3. 完善医疗设备档案管理计划

医疗设备档案管理计划是医院发展规划的重要组成部分。结合医院发展情况，遵循医疗设备档案管理的客观规律，制定符合实际情况的设备档案管理计划，明确医疗设备档案管理的目标及实施策略，通过统筹规划来强化各部门的协同合作，完善医疗设备档案管理的系统性，为医院各项工作提供信息支持。

4. 打造一支过硬的管理队伍

重视医疗设备档案管理队伍的锤炼与锻造，为医疗设备档案管理机构的建设提供重要的人力保障。一方面，要打造好主体队伍，从综合素质、信息素养、业务能力等方面入手，通过专家引领、在职培训、主题活动等来打造一支知识完备、理论丰富、业务技术较高的管理队伍；另一方面，要加强员工增强档案管理意识，为优化医疗设备档案管理共同努力。

（二）大型压力蒸汽灭菌器档案管理制度

（1）立卷归档制度，主要包括归档范围、归档时间和归档要求。

（2）档案保管制度，主要包括档案的安全保护，以及库房、设备管理措施。

（3）档案保密制度，主要包括档案的保密措施和对档案人员的保密要求。

（4）档案利用制度，主要包括利用范围、方式、要求和批准手续。

（5）现代化档案管理制度，应具备科学性、规范性、细节性、全面性，引入精细化管理，突出制度的导向性。

大型压力蒸汽灭菌器档案管理实行机构领导、医疗设备档案管理部门和使用部门三级管理制度。医疗设备档案管理应当遵循统一领导、归口管理、分级负责、权责一致的原则，应用现代化管理方法提高管理效能。

二级及以上医疗机构和县级及以上其他卫生机构应当设置专门的医疗设备档案管理部门，由主管领导直接负责，并依据机构规模、管理任务配备数量适宜的专业技术人员。规模小、不宜设置专门医疗设备档案管理部门的机构，应当配备专人管理。使用部门应当设专职或兼职管理人员，在医疗设备档案管理部门的指导下，负责本部门的日常管理工作。

《医疗器械监督管理条例》对医疗机构的档案管理进行了明确的要求。其中，第四十五条规定：使用单位购进医疗器械，应当查验供货者的资质和医疗器械的合格证明文件，建立进货查验记录制度，进货查验记录和销售记录应当真实，并按照国务院药品监督管理部门规定的期限予以保存。国家鼓励采用先进技术手段进行记录。第五十条规定：医疗器械使用单位对需要定期检查、检验、校准、保养、维护的医疗器械，应当按照产品说明书的要求进行检查、检验、校准、保养、维护并予以记录，及时进行分析、评估，确保医疗器械处于良好状态，保障使用质量；对使用期限长的大型医疗器械，应当逐台建立使用档案，记录其使用、维护、转让、实际使用时间等事项。记录保存期限不得少于医疗器械规定使用期限终止后 5 年。

（三）大型压力蒸汽灭菌器档案管理内容

大型压力蒸汽灭菌器档案管理主要包括设备购置、安装过程中形成的档案，以及设备运行过程中形成的档案。档案管理是大型压力蒸汽灭菌器设备管理的重要环节，贯穿医疗设备全生命周期，从申购计划、采购、使用、维护保养、维修、检测、监管、培训、报废都有相关记录。

1. 设备档案信息的建立

以纸张为介质的纸质档案和以新型载体材料为介质的电子档案，是档案信息存储的传统与现代化标志。在档案管理过程中应将纸质档案和信息化系统档案有机结合，充分合理地开发利用，提高工作效率。

1）纸质档案

纸质档案是实物资料，具有很强的原始性、真实性和法律效力。纸质档案也是原始资料，具有唯一性和不可取代性，尤其是设备采购、安装、校验、运行过程、灭菌效果监测记录等，对医院做好各项工作具有实用价值。基于这一角度，做好纸质档案的保管工作尤为重要。一是要分门别类地进行统计管理，做好档案的分类保存；二是做好纸质档案的管理工作，纸质档案易受潮腐蚀、易燃，因此需要专属部门指定专人负责，并建立专门的保存场所；三是要做好纸质档案的安全防护，制定相关规章制度。

2）信息化档案

随着科学技术水平的飞速发展，互联网技术的广泛运用极大地提升了医院工作效率，为医疗设备档案实现电子化管理提供了技术支撑和帮助。信息化档案有如下优点：存储方便、经济环保。信息化档案可以利用光盘、硬盘或网络云进行储存。存储空间大，管理成本低，经济环保；另外，信息化档案不易受环境的影响，可储存内容多样，表现形式丰富。设备操作流程以视频的方式存储会更加方便和直观。信息化档案可以多人共享，不受时间和空间的限制。

但是，用信息化档案可能存在数据丢失或损坏等问题。由于电子设备容易受到侵入损害，易造成档案遗失，因此必须做好信息化档案的备份。

2. 大型压力蒸汽灭菌器档案的归档内容

（1）特种设备使用登记证及注册证。

（2）设备登记卡。

（3）设备制造出厂文件和资料。

（4）安装资料与图纸。

（5）设备厂商资质、供货方资质及安装资质等。

（6）压力容器首次定期检验报告。

（7）进口锅炉安全性能监督检验证书及报告书（主要零部件材料的化学成分和力学性能；无损检测要求和结果；焊接质量的检查结果；压力试验与密封实验结果）。

（8）设备操作手册。

（9）设备维护手册。

（10）设备招投标采购文件。

（11）设备验收文件。

（12）设备使用前培训考核记录。

（13）项目采购招投评标文件。

（14）入境货物检验检疫证明、装箱单、进口货物报关单、安装验收单、产品彩页等。

（15）供货合同、购置仪器设备申请表、仪器设备论证表等。

（四）大型压力蒸汽灭菌器档案管理的职责

大型压力蒸汽灭菌器档案管理部门应对大型压力蒸汽灭菌器的采购和验收文档、

设备运维质量控制记录进行收集整理，建立档案并进行管理。大型压力蒸汽灭菌器档案管理的职责如下：

（1）档案管理人员坚决贯彻《中华人民共和国档案法》及医疗卫生行政管理部门制定的各项档案管理规章制度。

（2）按照院内档案管理工作规范，对设备的各种文件材料统一进行收集、分类整理、编目、立卷、归档、保管、编制。借出的档案要进行登记，并负责定期追还归档，确保档案完整。

（3）督促各部门及时移交档案资料。

（4）熟悉档案管理情况，能及时、准确地提供档案资料。

（5）按规定做好档案资料的防火、防盗、防虫、防潮、防尘、防高温等工作。

（6）对保管期限已满的档案进行鉴定并负责向主管领导汇报处理。

（7）树立和加强保密观念，做好文件、资料、档案的保密、保管工作。

（8）负责医学装备购置、验收、质控、维护、修理、应用分析和处置等管理。

（9）收集相关政策法规和医学装备信息，提供决策参考依据。

（10）对档案工作进行监督和指导，定期对档案保管情况进行全面排查。

（11）二级甲等以上医院实现计算机化管理，建立档案数据库。

（12）档案保管期限至设备报废为止。国家有特殊要求的，按其规定执行。

（五）大型压力蒸汽灭菌器档案管理的意义

大型压力蒸汽灭菌器档案为设备管理提供了管理依据，为设备维修、维保夯实了基础，实现了大型压力蒸汽灭菌器的高效利用和有效管理。档案内容越完整，信息支持服务越优质，为新设备的引进提供参考，进一步提升医院设备管理水平。

二、大型压力蒸汽灭菌器运维档案管理

大型压力蒸汽灭菌器的安全使用，与医院感染控制息息相关，WS 310.3—2016对大型压力蒸汽灭菌器的安全使用做出了以下要求：

（1）年度检查。

①医疗机构应每年用温度压力检测仪对大型压力蒸汽灭菌器进行温度、压力和时间等参数的监测，检测仪探头放置于最难灭菌部位，确保设备工作效能。可由医院设备管理部门或有资质的第三方检测机构进行监测。监测记录应包含监测时间、

监测人员、监测设备、监测设备的计量证书及有效期、监测结果。监测记录应放入该设备当年的运维质量控制档案，保管期限不少于医疗设备报废后 5 年。

②每年对灭菌程序和灭菌效果进行年度检查，包括密封性能测试、B-D 测试、小负载测试、空载热分布测试、满载热穿透测试和生物指示剂挑战测试。

（2）定期检验。

①每次灭菌时，应连续监测并记录灭菌温度、压力和时间等灭菌参数。灭菌温度波动范围为 ±3 ℃,时间满足最低灭菌时间的要求。同时,应记录所有临界点的时间、温度与压力，结果应符合灭菌要求。

②每天设备运行第一锅（冷锅）做泄露测试，确保设备密封性完好。

③每天设备运行第二锅做 B-D 试验，确保设备冷空气排出情况。

④设备新安装、移位或大修后应进行物理监测、化学监测和生物监测。物理监测、化学监测通过后，生物监测应空载连续监测三次，合格后方可使用。

⑤由检验机构出具的定期检验报告应放入运维质量控制档案，保管期限不少于医疗设备报废后 5 年。

⑥大型压力蒸汽灭菌器的压力表和安全阀属于国家强制检定范围，检定合格后方可继续使用。由国家法定计量机构出具的计量证书应放入该年度的计量档案，保管期限不少于医疗设备报废后 5 年。

⑦特种设备压力容器自首次使用后，第一次检测为 4 年后，之后根据特种设备检验结果，检验周期一般为 3 年。灭菌器上的压力表检验周期为 6 个月，安全阀检验周期为 1 年。

（一）运维质量控制档案内容

1. 日常维修记录

（1）维修记录。

维修记录应包含且不限于设备故障发生时间、故障发生现象、故障维修人员、维修人员到场维修时间、维修时长、故障恢复时间、维修更换配件及维修后检测记录。

表 2.1　大型压力蒸汽灭菌器维修记录本

锅号：　　　　　　年　月　日 星期

<table>
<tr><th colspan="2">B-D 测试</th><th colspan="2">生物监测</th></tr>
<tr><td rowspan="11">物理监测</td><td rowspan="6">操作者:

(打印记录粘贴处)</td><td colspan="2">对照管</td></tr>
<tr><td>1</td><td>提示剂:
(粘贴处)</td></tr>
<tr><td>2</td><td>提示剂:
(粘贴处)</td></tr>
<tr><td>3</td><td>提示剂:
(粘贴处)</td></tr>
<tr><td colspan="2">开始时间:</td></tr>
<tr><td colspan="2">结束时间:</td></tr>
<tr><td rowspan="5"></td><th colspan="2">化学监测</th></tr>
<tr><td rowspan="3">第五类化学卡监测</td><td></td></tr>
<tr><td></td></tr>
<tr><td></td></tr>
<tr><td colspan="2">操作者:</td></tr>
</table>

续表 2.1

维修记录
故障原因分析:
最终测试结果：通过□　　未通过□　　未测试□
维修者签名: 操作者签名:　　科室负责人:

（2）新安装、移位监测记录。

新安装、移位记录应包含设备定期维护时间、维护人员、维护时长、维护更换配件及维护后检测记录。

表 2.2　大型压力蒸汽灭菌器新安装、移位监测记录本

锅号：　　　　　　年　月　日 星期

<table>
<tr><th colspan="2">B-D 测试</th><th colspan="2">生物监测</th></tr>
<tr><td rowspan="11">物理监测</td><td rowspan="11">操作者：
(打印记录粘贴处)</td><td colspan="2">对照管</td></tr>
<tr><td>1</td><td>提示剂：
(粘贴处)</td></tr>
<tr><td>2</td><td>提示剂：
(粘贴处)</td></tr>
<tr><td>3</td><td>提示剂：
(粘贴处)</td></tr>
<tr><td colspan="2">开始时间：</td></tr>
<tr><td colspan="2">结束时间：</td></tr>
<tr><td colspan="2">化学监测</td></tr>
<tr><td rowspan="3">第五类化学卡监测</td><td></td></tr>
<tr><td></td></tr>
<tr><td></td></tr>
<tr><td colspan="2">操作者：</td></tr>
</table>

续表 2.2

新安装、移位记录
故障原因分析：
最终测试结果：通过□　　　未通过□　　　未测试□ 装机者签名： 操作者签名： 科室负责人：

2. 定期维护记录

定期维护记录应包含且不限于日期、锅次、是否合格等。各种试验、测试结果要认真登记，签名在册，保存 3 年。每次灭菌结束后，将打印的合格条贴在监测记录本上。

表 2.3　设备保养、维护记录本

设备名称		保养时间	
保养内容：			
保养人员		下次保养时间	
供应室人员			
备注：			

3. 有关事故的记录资料和处理报告

有关事故的记录资料和处理报告应包含且不限于有关事故上报时间、事故描述、事故造成的影响、上报人员、处理人员及处理结果、事故处理方案及技术措施、事故处理结论等。

（二）运维质量控制档案管理人员和作业人员

运维质量控制档案管理人员和作业人员应进行培训且取得相关证书。

第四节　人员、资质要求与岗位培训

一、人员、资质要求

（一）医疗器械管理人员

医疗器械管理人员应了解和掌握医疗器械管理相关政策法规，掌握医疗器械临床安全使用的具体要求，并有效履行岗位职责。

（二）医疗器械安全检测人员

医疗器械安全检测人员应具备医学工程相关专业背景，应经过相关技术培训并考核合格后从事该项工作。

（三）操作人员

大型压力蒸汽灭菌器的操作人员应接受相关培训并取得医用压力容器操作上岗证书。

二、岗位培训

（一）培训目的

（1）弥补理论知识的不足，提升设备管理人员、安全检测人员和操作人员实际工作水平及效率。

（2）提高相关人员的职业素质，及时更新设备的进展和技术，适应医院发展。

（二）年度培训计划

制订年度培训计划，包括日常培训与专项培训。日常培训可不定期开展，还可以同时参加行业学会、协会等组织的继续教育项目。专项培训应明确培训内容、培训教师、培训时间和地点、考核标准等。

（三）培训内容

（1）入职培训课程。以消毒灭菌知识和特种设备操作管理知识为主，包括压力容器的基础知识、压力容器的结构、压力容器的安全附件、压力容器的标准和管理、压力容器的事故及定期检验、压力容器的安全操作及维护保养等。

（2）日常培训课程。从实际工作需求出发进行设计并开展。

（3）法律法规课程。主要包括《医疗器械监督管理条例》《医疗器械临床使用安全管理规范（试行）》《医疗器械使用质量监督管理办法》《中华人民共和国计量法》等相关法律法规。

（4）医疗器械管理课程。主要包括《医疗器械安全管理》《医疗器械　风险管理对医疗器械的应用》《医疗器械　质量管理体系　用于法规的要求》等相关标准。

三、考核方式

（1）问卷调查。

（2）理论考试。

（3）理论与操作相结合。

第三章　大型压力蒸汽灭菌器质量管理

第一节　大型压力蒸汽灭菌器的风险管理

一、大型压力蒸汽灭菌器的风险管理概述

大型压力蒸汽灭菌器以灭菌效果可靠、适用范围广、安全无残留、价格低廉等优点著称，是医疗卫生行业的主要灭菌方式，国内大中型医院均会配备多台大型压力蒸汽灭菌器。

大型压力蒸汽灭菌器是一种具有潜在爆炸危险的特殊设备。一旦发生故障，不仅设备遭到破坏，而且会破坏周围设备和建筑物，甚至诱发一连串恶性事故，如烫伤、烧伤，乃至酿成火灾、人员伤亡、重大损失等。

大型压力蒸汽灭菌器运行时所涉及的风险主要包括以下方面：

（1）电源方面：电机着火、线路老化着火等。

（2）蒸汽方面：蒸汽泄漏烫伤等。

（3）水源方面：水管爆裂等。

（4）其他方面：安全阀、传感器故障等超高压状态导致大型压力蒸汽灭菌器爆炸等。

二、大型压力蒸汽灭菌器的安全监管

（一）大型压力蒸汽灭菌器安全监管的发展路径

基于危险源辨识和风险评价的安全监管，应用全面风险辨识、科学风险分级评价将对大型压力蒸汽灭菌器安全监管的效率和科学性起到积极的作用。例如，基于

风险评估的设备检验技术（RBI 技术）是通过设备或部件分析，确定关键设备和部件的破坏机理和检查技术，优化设备检查计划和备件计划，为延长设备运转的周期、缩短检修工期提供科学的决策支持。

（二）我国大型压力蒸汽灭菌器的安全监管

1. 安全监管体制

大型压力蒸汽灭菌器的使用涉及面广，具有特殊的专业技术性，同时存在潜在的高危性，它的安全监管问题一直备受关注。2001 年是我国大型压力蒸汽灭菌器安全监察开始进入发展的阶段。2001 年 4 月，原国家质量监督检验检疫总局成立，内设有锅炉压力容器安全监察局，行使特种设备安全监察的职能。2003 年，以《特种设备安全监察条例》（国务院令第 373 号）出台为标志，大型压力蒸汽灭菌器安全监管的制度建设走向正轨。我国首次以行政法规的形式明确了特种设备的概念，建立和完善了行政许可和监督检查两项基本制度，逐步形成了政府统一领导、部门依法监管、使用单位全面负责、检验机构把关的特种设备安全监察新格局。

2. 安全监管机制

1）构建三个工作体系

（1）构建法规标准体系。特种设备法规标准体系是实现大型压力蒸汽灭菌器依法监管的基础。根据我国特种设备法制建设现状和需要，要抓紧构建以法律法规为依据、以大型压力蒸汽灭菌器安全技术规范为主要内容、以标准为基础的大型压力蒸汽灭菌器安全监察法规标准体，实现大型压力蒸汽灭菌器安全监察工作有法可依、有章可循。

（2）构建动态监管体系。大型压力蒸汽灭菌器动态监管体系是实现大型压力蒸汽灭菌器有效监管的基础，是建立长效监管机制的必然要求。要充分发挥市场监管系统的作用，并适时掌握大型压力蒸汽灭菌器的安全状况，及时排除故障，发现并消除事故隐患，有效控制事故发生率。

（3）构建安全评价体系。安全评价体系是实现大型压力蒸汽灭菌器科学监管的基础，是政府安全监管决策的重要依据。要根据大型压力蒸汽灭菌器的安全状况等级，制订出有针对性的监管方式，并建立和完善安全监察体制和工作机制。

2）落实三方安全责任

实现大型压力蒸汽灭菌器安全运行，必须按照《特种设备安全监察条例》（国务院令第 373 号）的规定，明确职能，制订措施，切实落实大型压力蒸汽灭菌器安全工作的三方责任，即大型压力蒸汽灭菌器生产（含设计、制造、安装、改造、维修）、使用单位对大型压力蒸汽灭菌器安全全面负责的主体责任，检验检测机构技术把关的责任和各级市场监管部门依法监管的责任，以强化安全责任的管理理念，促进大型压力蒸汽灭菌器安全工作到位，防止和减少事故的发生。

（1）落实生产、使用单位的主体责任。蒸汽灭菌器生产、使用单位是大型压力蒸汽灭菌器安全质量和运行安全的责任主体。强化和落实大型压力蒸汽灭菌器生产、使用单位的安全主体地位和责任，是做好蒸汽灭菌器安全工作的基础。

大型压力蒸汽灭菌器生产单位必须依照有关法律、法规和安全技术规范的要求进行生产活动，对其生产的大型压力蒸汽灭菌器的安全性能负责。生产单位应当依法取得相应许可，建立大型压力蒸汽灭菌器生产质量保证体系并有效运转，对医院操作人员进行安全培训并确保持证上岗，保证产品的安全质量符合安全技术规范和标准的要求并具有可跟踪性，主动申报产品监督检验或者履行施工告知手续。

大型压力蒸汽灭菌器使用单位必须严格执行有关法律、法规和安全技术规范的规定，保证大型压力蒸汽灭菌器的安全使用。使用单位应当使用符合安全技术规范要求的大型压力蒸汽灭菌器，建立健全使用安全管理制度和岗位安全责任制度，设置安全管理机构或者配备专职（或兼职）安全管理人员，对设备依法登记依法定检，操作人员持证上岗，做好防范监控，事故隐患及时排除 ，应急预案有效建立并定期演练，事故发生后必须立即上报、及时采取救援措施并积极配合事故调查处理工作。

各级市场监管部门要加强对大型压力蒸汽灭菌器生产、使用单位的监督管理，严厉查处生产、使用活动中的违法行为，依法追究生产、使用单位及其相关人员的法律责任。

（2）落实大型压力蒸汽灭菌器检验检测机构的技术把关责任。检验、检测工作是大型压力蒸汽灭菌器安全监察工作的基础和技术支撑。检验检测机构要认真履行检验检测的技术把关责任，在督促使用单位依法主动报检的同时，要及时安排检验、检测，确保定期检验、检测率，实现检验、检测工作的有效覆盖；保证检验、检测工作质量，杜绝因检验、检测把关不严而导致的安全责任事故；及时将检验、检测中发现的严重事故隐患、重大问题和灭菌检测结果及时告知使用单位并立即报告安全监察机构。

各级市场监管部门要加强对大型压力蒸汽灭菌器检验检测机构的监督检查工作，对检验检测机构及其相关人员违反上述规定，未按安全技术规范进行检验以及未按国家标准进行检测、出具虚假检验报告等违法行为，要严厉查处并依法追究检验检测机构及其相关人员的法律责任。

（3）落实各级市场监管部门的监管责任。各级市场监管部门必须依法履行大型压力蒸汽灭菌器安全监察和灭菌效果监督检查职责。严把安全准入关，依法对大型压力蒸汽灭菌器相关单位和人员实施行政许可，强化对鉴定评审机构及其相关人员的监督管理；严把现场安全监察监督关，对大型压力蒸汽灭菌器生产、使用和检验检测活动开展监督检查，严格查处违法行为；按照要求，建立完善使用单位相关部门的应急预案并定期演练。

3）强化源头治理机制

源头治理的机制就是要做到“源头把关、保证质量”。在大型压力蒸汽灭菌器的整个使用周期中，首先从设备的设计、生产源头把关，严把大型压力蒸汽灭菌器准入关。根据《特种设备安全监察条例》（国务院令第 373 号）的规定，对大型压力蒸汽灭菌器设计、制造、安装单位和检验检测机构的条件依法开展审查、核准，严格取缔非法设计、非法制造、非法安装大型压力蒸汽灭菌器的行为。

4）推行全程监控

将全程监控落实到位，不仅要把好源头关口，还要在安装、使用、检验、维修、改造等过程全程监控。根据现行法规，对大型压力蒸汽灭菌器设计、制造、安装、改造、维修、使用、检验检测等环节实行全程安全监察。建立大型压力蒸汽灭菌器行政许可和监督检查两项基本制度。行政许可制度包括生产许可、使用登记、检验检测机构核准、检验检测人员考核等；监督检查制度包括强制检验制度（生产过程监督检验和使用过程定期检验、检测）、事故调查处理制度、安全监察和检验检测责任追究制度、安全状况公布制度等。同时，要做到动态监管，及时防范。

（三）国外大型压力蒸汽灭菌器的安全监管模式

1. 美国大型压力蒸汽灭菌器安全监管模式

利用权威的民间机构统一全国技术机构资格和人员资格，统一全国的设计、制造和检查标准。整个大型压力蒸汽灭菌器安全监管体系充分发挥民间机构在统一资格、统一标准方面的优势，以及监管机构执行法规的强制力优势，体现优势互补。美国大型压力蒸汽灭菌器安全监管体系是历史上逐步形成的，最后构筑成为一个相互渗透、相互制约、兼顾各方利益的体系。

2. 欧盟大型压力蒸汽灭菌器安全监管模式

以德国为代表的欧盟大型压力蒸汽灭菌器安全监管可简要概括为“政府监管、授权非营利组织检验”的模式：

（1）政府部门主要依靠完善的法律法规，对大型压力蒸汽灭菌器安全进行统一的管理。

（2）生产和使用单位法制意识强，安全生产主体责任落实到位。

（3）充分发挥专业检验检测机构的作用，提高日常监管的效果。

3. 日本大型压力蒸汽灭菌器安全监管模式

日本的大型压力蒸汽灭菌器安全监察工作可概括为“政府主管—非营利组织实施”的模式：首先是通过法规实行政府全过程的严格监督控制。其次是行业协会等非营利组织作为利益集团确定行业标准，并授权实施。最后是其安全标准的法规详细具体，更新及时，脉络清晰。

三、大型压力蒸汽灭菌器风险控制

（一）大型压力蒸汽灭菌器设备主要风险

（1）压力表、安全阀以及传感器故障等高危状态时，未采取正确及时的处理措施。

（2）电机发生故障时，未采取正确及时的处理措施致使电机着火。

（3）蒸汽管路或设备泄漏的蒸汽，烫伤工作人员。

（4）其他方面如水管爆裂、电源线路老化导致短路等多见于管路材质不合格，长期超负荷使用，管路年久失修等情况。

（二）操作人员风险管理

大型压力蒸汽灭菌器属于压力容器，压力容器的使用应符合《特种设备安全监察条例》（国务院令第 373 号）《固定式压力容器安全技术监察规程》（TSG 21—2016）和《压力容器》（GB/T 150.1—2011）的规定。医院消毒供应中心或第三方区域化消毒供应中心应加强医院感染控制，提高管理人员的风险控制能力，增强操作人员的综合能力。大型压力蒸汽灭菌器操作人员是安全生产的执行者，也是监督者，属于特殊岗位人员，如设备操作不当会造成设备损坏、灭菌失败、灭菌器爆炸等安全事故。部门管理人员应该对大型压力蒸汽灭菌器操作人员进行科学的培训与管理。

1. 岗位培训

1）培训要求

大型压力蒸汽灭菌器操作人员可通过参加国家或省、市级消毒供应专委会、医院感染专委会或相关专业委员会开展的各类培训班，分别进行基础知识和专业知识的岗位技能培训，提高操作员素质，完善专业人员知识结构，加强专业人员队伍建设。也可通过单位或科室内部的带教，对理论和设备操作进行讲授、训练，重点是解决日常工作中的难点和容易出现不良事件的问题，根据不同层次不同设备操作可进行分级分岗的培训方法，培训应具有实用、针对性强的特点。

2）培训内容

压力容器操作培训，具体培训内容如下：

（1）国家相关规范及行业标准。

（2）建筑布局、工作流程、规章制度。

（3）大型压力蒸汽灭菌器基本原理。

（4）大型压力蒸汽灭菌器使用操作及日常维护。

（5）灭菌物品的装卸载要求。

（6）大型压力蒸汽灭菌器报警判读及处理。

（7）大型压力蒸汽灭菌器简单故障排除。

（8）灭菌效果监测。

（9）突发事件处理应急预案。

（10）蒸汽基础知识。

（11）微生物及消毒学知识。

（12）《医务人员手卫生规范》（WS/T 313—2019）。

（13）《医院消毒供应中心第 1 部分：管理规范》（WS 310.1—2016）。

（14）《医院消毒供应中心第 2 部分：清洗消毒及灭菌技术操作规范》（WS 310.2—2016）。

（15）《医院消毒供应中心第 3 部分：清洗消毒及灭菌效果监测标准》（WS 310.3—2016）。

（16）《医疗机构消毒技术规范》（WS/T 367—2012）。

（17）《医院消毒卫生标准》（GB 15982—2012）。

（18）《大型蒸汽灭菌器技术要求　自动控制型》（GB 8599—2008）。

（19）《固定式压力容器安全技术监察规程》（TSG 21—2013）。

（20）《压力容器》（GB/T 150.1—2011）。

2. 职业防护

消毒供应中心是所在医疗机构重点感控部门之一，针对工作人员须采取有效的预防感染或损伤的措施，加强大型压力蒸汽灭菌器操作人员职业防护知识学习，从而增强对工作环境中职业危险性的认知。设备操作人员面对的职业危害风险一般为细菌病毒感染、高温、噪声、负重操作，可根据预期可能的职业暴露选用相适宜的防护用具或采取必要的防护措施。

1）手卫生

手卫生是洗手、卫生手消毒和外科手消毒的总称。手卫生的目的是为了去除手部的皮屑、污垢及部分暂住菌，切断通过手传播感染的途径，是防止感染扩散最简单有效的措施。设备操作人员在日常工作中难免会接触到医疗器械、器具或无菌物品，通过加强操作人员手卫生，可直接降低感染发病率，特别是耐药菌株的感染，绝大部分通过操作人员的手进行传播。

2）噪音

噪音属于物理危害因素。大型压力蒸汽灭菌器运行过程中，操作人员应注意噪音污染，避免对人体造成损害。真空泵及大功率排风扇等设备都会产生大量噪音，如长时间暴露在噪声环境中，人体会出现耳鸣、疲劳、烦躁、头痛，甚至引起听力减退。在日常灭菌工作中尽量减少噪音的产生。要养成定期保养和检查设备的习惯，让大型压力蒸汽灭菌器真空泵一直处于良好的运行状态，合理安排工作量，避免设备超负荷运转。对产生噪声的设备使用完毕后及时进入待机状态。如无法避免过大噪声，应在工作时佩戴耳塞或耳罩类防护用品。

3）烫伤

大型压力蒸汽灭菌器灭菌介质为高温蒸汽。在大型压力蒸汽灭菌器无蒸汽泄漏时也会因区域内局部热传导导致烫伤。操作人员进行物品装载或卸载时应做好自身防护，穿长袖工作服、戴防烫手套。打开大型压力蒸汽灭菌器舱门时应保持一定距离，避免内腔蒸汽从舱门溢出造成烫伤。大型压力蒸汽灭菌器周围的不锈钢隔断也应贴上防烫伤的警示标识。灭菌完毕的无菌物品可在灭菌架上冷却后再进行卸载。

4）负重操作

移动较大、较重灭菌物品或灭菌推车等物品时，防止工作人员腰部扭伤或肢体肌肉拉伤，应根据身体力学原理，运用正确的提、拉、推、伸等技巧，必要时可两人合力搬运。

3. 岗位操作原则

负责安全操作大型压力蒸汽灭菌器，设备运行中应坚守岗位，认真巡查灭菌参数的变化，保证大型压力蒸汽灭菌器的正常运行，防止突发事件发生。落实大型压力蒸汽灭菌器工作前准备工作达到要求，包括水、电和蒸汽等各项技术参数符合灭菌工作要求。能正确执行大型压力蒸汽灭菌器的操作规程，能判断大型压力蒸汽灭菌器常见的故障和日常维护。做好大型压力蒸汽灭菌器运行过程的物理监测，并做好记录。正确装载和卸载灭菌物品，并评估灭菌效果，不合格物品不得发放，并报上级主管。预防非安全事件的发生，当发生突发事件时，正确执行应急预案，确保安全。

4. 岗位管理

大型压力蒸汽灭菌器操作人员应具有安全工作意识，能及时处理安全隐患。消毒灭菌工作必须遵循国家相关法律、法规以及医院政策的规定。接受医院感染基础知识和培训，并考核合格。具备压力容器上岗证，能安全操作压力容器。接受本岗位相关知识与技能操作的培训，并考核合格。具有判断大型压力蒸汽灭菌器及相关配件故障的能力。具有能判断灭菌物品是否合格的能力，对不合格的灭菌物品停止发放，及时报告并做记录。

（三）大型压力蒸汽灭菌器安全使用风险管理

大型压力蒸汽灭菌器属于压力容器，若超压运行，则有爆炸风险。蒸汽泄漏也会对操作人员造成伤害。因此，在使用大型压力蒸汽灭菌器前、大型压力蒸汽灭菌器运行期间、大型压力蒸汽灭菌器出现报警后都应按相关要求对设备进行检查。

1. 大型压力蒸汽灭菌器运行前安全检查

在灭菌工作开始前必须对灭菌器进行安全性能检查。大型压力蒸汽灭菌器通电前对内腔清洁，清洁时选用材质柔软的棉布和少量纯水中和的柔性清洁剂，避免使用钢丝球或钢刷等研磨式清洁工具。大型压力蒸汽灭菌器蒸汽源阀门开启前，检查夹层和内腔压力表是否处于“0”的位置。打开大型压力蒸汽灭菌器柜门，检查密封圈是否平整无损坏，测试柜门安全锁扣灵活、安全有效。可拔出大型压力蒸汽灭菌器内腔底部的排气排水过滤网，检查有无杂质或异物堵塞过滤网，必要时可对滤网进行清洗。查看电源、水源、蒸汽、压缩空气等运行条件是否符合设备运行要求。检查物理参数打印机工作是否正常，打印纸是否充足。开启蒸汽阀门时应缓慢操作，避免管道内压力突然升高，造成管道、接头爆裂，蒸汽泄漏事故。大型压力蒸汽灭菌器通汽通电后检查减压阀是否工作正常，安全阀是否在年检期限内，阀体有无异样。

大型预真空压力蒸汽灭菌器应在每日开始灭菌运行前空载进行 B-D 测试，将 B-D 测试包置于排气口上方或最难灭菌的位置，选择 B-D 测试程序，程序结束后判断 B-D 测试纸变色是否均匀。

2. 大型压力蒸汽灭菌器运行中巡查

大型压力蒸汽灭菌器运行过程中操作人员应该对物理参数进行监测和记录。整个运行周期应巡视设备运行安全和观察大型压力蒸汽灭菌器夹层、内腔压力表、显示屏参数与温度压力曲线图参数是否一致，直至灭菌程序运行结束。

3. 报警诊断及处理

当大型压力蒸汽灭菌器在运行过程中出现报警，操作人员应立即查看报警信息，有效处理故障，及时排除隐患，必要时可按下大型压力蒸汽灭菌器紧急停止按钮。维修大型压力蒸汽灭菌器时应将大型压力蒸汽灭菌器停机，关闭蒸汽阀门，在内腔和夹层压力归零后进行，严禁在大型压力蒸汽灭菌器运行状态下进行故障维修。根据大型压力蒸汽灭菌器生产厂家的用户手册，可将报警划分等级。一般分为设备故障等级和报警提示等级两种。设备故障类问题，可直接影响设备安全运行或直接影响灭菌质量，必须停止使用，立即检修。此类故障要明确规定发生故障的处理流程和应急预案，操作人员须紧急报告、联系主管人员和生产厂家设备维修人员。报警提示时设备仍可运行，不会出现安全隐患，经过培训的操作人员可自行处理。报警处理完毕后记录报警原因和处理结果，利于设备的维护与保养。

4. 定期维护保养

定期对大型压力蒸汽灭菌器的维护及保养是确保设备正常运行的前提，操作人员应认真执行大型压力蒸汽灭菌器维护制度，根据大型压力蒸汽灭菌器厂商提供的使用说明进行设备维护及保养。并建立大型压力蒸汽灭菌器维护保养档案，大型压力蒸汽灭菌器维护保养内容可分为日常的和专项的。日常维护保养大型压力蒸汽灭菌器运行前的一些简单的检查清洁，比如大型压力蒸汽灭菌器的外部和内部清洁，排气口过滤网的清洁，门封条的检查，压力表的功能确认，等等。定期的专项维护保养包括对各管路的连接部位检查，清理汽水分离器杂质，空气过滤器的检查，电路电源的集尘处理，安全阀、压力表的年检，以及温度、压力探头的校准与测试，等等。

5. 设备使用说明书及安全操作手册

大型压力蒸汽灭菌器安装使用时应配有设备使用说明书和安全操作手册。大型压力蒸汽灭菌器操作人员在从事灭菌操作前除了接受相关基础知识、专业知识和岗位技能的培训外，还必须认真阅读灭菌设备使用说明书及安全操作手册。《医院消毒供应中心》（WS 310—2016）和《医疗机构消毒技术规范》（ WS/T 367—2012）明确指出：大型压力蒸汽灭菌器的具体操作方法应遵循生产厂家的使用说明书或指导手册。说明书或使用手册里一般包括了设备用途简介、安装条件、原理、结构、参数、操作步骤、故障排除、保养等内容。因此，在安装和使用新大型压力蒸汽灭菌器前要着重了解该设备的使用范围、负载类型、大型压力蒸汽灭菌器操作、屏幕信息显示、各按键功能、最高承受压力、温度、灭菌程序参数、紧急情况处置、故障排除及保养方法等。

6. 建立健全规章制度

1）职业防护管理制度

（1）建立大型压力蒸汽灭菌器操作人员防护管理制度，职业暴露处理流程。

（2）新进人员上岗前须接受消毒隔离、职业暴露等职业防护制度培训学习并存档。

（3）操作人员应遵守标准预防的原则，不同区域、不同操作环节采取相应防护措施。

（4）科室应在大型压力蒸汽灭菌器操作区域配备加厚防烫手套、耳塞等防护用品，放置位置相对固定并有标识。

（5）发生职业暴露时应按医院或部门相关制度、流程处理。

2）交接班制度

（1）操作人员在设备运转过程中，不得擅离职守，如有特殊情况需要离岗，应向科室负责人请假并向替班者交待注意事项。

（2）各岗位人员进行交接班，必要时书面交接，接班者如发现设备异常、物资数目不符等情况时，应立即查问，并向组长汇报，且应同级换班。

（3）当班者必须按要求完成本班工作。如遇特殊、意外情况未完成本班工作，必须详细交代，必要时书面交接。

（4）设备操作人员应加强仪器、设备及贵重物品的交接，遇到重大问题（如机器设备发生故障、丢失等），应及时汇报。

（5）交班报告应书写规范，表达准确、情况属实、无涂改。

3）质量追溯及质量缺陷召回制度

（1）应建立质量控制过程记录与追踪制度，专人负责质量控制。

（2）应建立灭菌等关键环节的过程记录并按要求规范存档。灭菌质量监测资料和记录保存时间不低于 3 年。

（3）院内院外质量反馈有记录及改进措施，妥善留存。专人定期收集分析院内院外反馈意见、建议，及时改进，不断提高。

（4）包外化学监测不合格的灭菌物品不得发放，包内化学监测不合格的灭菌物品和湿包不得使用。而且应分析原因并进行改进，直至监测结果符合要求。

（5）出现生物监测不合格的情况，应尽快召回上次生物监测合格以来所有尚未使用的灭菌物品，重新处理。而且应分析不合格的原因，改进后进行生物监测，连续 3 次合格后方可使用。

（6）采用信息化系统，灭菌物品的标识使用后应随器械回到消毒供应中心进行追溯记录。

4）仪器设备管理及维护保养制度

（1）科室设专人进行资产管理及设备管理。

（2）资产管理员负责各类仪器设备的申报、调剂报废及建帐盘点工作并定期组织相关人员对固定资产进行清查并登记，原则上每年不少于 1 次，明确清查盘点基准日、内容、盘点表单和清查盘点报表等，并根据盘点时资产实际状态在盘点表单中注明。清查盘点结果和处理情况应纳入档案管理。

（3）设备操作人员负责仪器设备的日常维护、保养、报修工作，并做记录。

（4）设备操作人员应严格执行操作规程，发现异常及时上报，严禁擅自拆修。

（5）所有新进大型压力蒸汽灭菌器必须经生产厂家工程师进行相关理论及现场技术培训，操作人员经培训合格后方能上机操作。

（6）蒸汽灭菌操作人员不仅要具备国家压力容器操作上岗证（须在有效期内），还需进行相应的岗位培训。

5）安全管理制度

（1）科室应成立安全管理小组。

（2）严格遵守医院各项安全管理条例及制度。

（3）严格遵守设备操作规程、履行岗位职责，发现异常情况及各种安全隐患应及时上报、处理。

（4）每日由操作人员进行安全自查。重大节假日安全管理小组应组织相关人员进行安全大检查，并记录。

（5）做好安全“四防”工作，即安全防火、安全防盗、安全防事故破坏、安全防自然灾害。

（6）定期组织安全培训，提高安全意识。

（四）灭菌质量风险管理

1. 灭菌质量验证

采用物理监测法、化学监测法和生物监测法进行。使用特定的灭菌程序灭菌时，应使用相应的指示物进行监测，按照灭菌装载物品的种类，可选择具有代表性的PCD进行灭菌效果的监测。灭菌外来医疗器械、植入物、硬质容器、超大超重包应遵循生产厂家提供的灭菌参数，首次灭菌时对灭菌参数和有效性进行测试，并进行湿包检查。每年应委托计量技术机构用温度压力检测仪对灭菌温度、压力和时间参数进行周期检测。所有验证及检查都应有记录，记录保存时间不低于3年。

2. 蒸汽质量

大型压力蒸汽灭菌器是以饱和蒸汽作为灭菌介质，蒸汽发生器用水采用纯化水，灭菌过程中应避免饱和蒸汽过热，也应注意蒸汽含水量过大或混入不可冷凝气体，影响或降低湿热灭菌的效能。定期应对大型压力蒸汽灭菌器所用蒸汽质量进行采样检测，大型压力蒸汽灭菌器供给水的质量指标和蒸汽冷凝物的质量指标应符合WS 310.1—2016附录B和《中国医院质量安全管理》第3~5部分附录C的标准，详见表3.1和表3.2。

表3.1　压力蒸汽灭菌器供给水的质量指标

项目	指标
蒸发残留	≤ 10 mg/L
氧化硅（SiO_2）	≤ 1 mg/L
铁	≤ 0.2 mg/L
镉	≤ 0.005 mg/L
铅	≤ 0.05 mg/L
除铁、镉、铅以外的其他重金属	≤ 0.1 mg/L
氯离子（Cl^-）	≤ 2 mg/L
磷酸盐（P_2O_5）	≤ 0.5 mg/L
电导率（25 ℃时）	≤ 5 μS/cm
pH	5.0 ～ 7.5
外观	无色、洁净、无沉淀
硬度（碱性金属离子的总量）	≤ 0.02 mmol/L

表3.2　蒸汽冷凝物的质量指标

项目	指标
氧化硅（SiO_2）	≤ 0.1 mg/L
铁	≤ 0.1 mg/L
镉	≤ 0.005 mg/L
铅	≤ 0.05 mg/L
除铁、镉、铅以外的重金属	≤ 0.1 mg/L
氯离子（Cl^-）	≤ 0.1 mg/L
磷酸盐（P_2O_5）	≤ 0.1 mg/L
电导率（25 ℃时）	≤ 3 μS/cm
pH	5 ～ 7
外观	无色、洁净、无沉淀
硬度（碱性金属离子的总量）	≤ 0.02 mmol/L

3. 物理监测

物理监测不合格的灭菌物品不得发放，而且应分析不合格的原因并进行改进，直至监测结果符合要求。

4. 化学监测

进行包内外化学指示物监测。化学监测不合格的灭菌物品不得发放，包内化学监测不合格的灭菌物品和湿包不得使用。而且应分析不合格的原因并进行改进，直至监测结果符合要求。

5. 生物监测

每周应至少进行 1 次生物监测。植入物的灭菌应每批次进行生物监测。生物监测不合格时，应尽快召回上次生物监测合格以来所有尚未使用的灭菌物品，重新处理并分析不合格的原因，改进后要进行生物监测，连续 3 次合格后方可使用。

6. B-D 测试

大型预真空（包括脉动真空）压力蒸汽灭菌器 B-D 测试失败时，应及时查找原因并进行改进，B-D 测试合格后，灭菌器方可使用。

7. 新安装、移位和大修后的监测

应进行物理监测、化学监测和生物监测。物理监测、化学监测通过后，生物监

测应空载连续监测 3 次，监测合格后灭菌器方可使用。大型预真空（包括脉动真空）压力蒸汽灭菌器应进行 B-D 测试并重复 3 次，连续测试合格后，灭菌器方可使用。

（五）环境风险管理

消毒供应中心是预防与控制医院感染的重要部门，其工作区域的环境将直接影响所处理物品的质量安全及工作人员的安全健康，做好环境风险控制是保证灭菌质量的前提。

1. 区域环境清洁控制

大型压力蒸汽灭菌器安装的区域一般为器械检查包装及灭菌的区域，进入该区域人员必须进行更衣，着清洁的工作服，并保持着装整洁或穿戴清洁的隔离衣、帽。进入该区域的物品、器械应是清洁物品，该区域内部空气流向应遵循自上而下的原则，可最大限度地减少因空气回流带起的飞絮与尘埃对清洁物品造成二次污染。为保证灭菌器良好的运行状态，空气的温度应为 20 ℃ ~ 23 ℃，相对湿度 30% ~ 60%，换气次数不少于 10 次 / 小时，保持相对正压。

2. 冷凝水排放

冷凝水排放应遵循使用地市政排水管网对温度和微生物要求。大型压力蒸汽灭菌器的热水排水管必须耐高温；选择具有抗热防腐的材质与连接管，分别独立设置，防止排水管因高温爆裂。大型压力蒸汽灭菌器与消毒供应中心其他排水系统分离以利于灭菌器的正常运转；管径应符合设备的排水通畅的要求，设防回流装置。冷凝水排放管留有蒸汽冷凝物采样阀。

3. 蒸汽系统

灭菌蒸汽应由纯水生成。根据设备的要求安装蒸汽管道，单独管道供蒸汽、尽量直行，有效的保温处理，以免产生过多的冷凝水，并设明显的高温警示标识。必要时安装减压系统，以维持设备需要的蒸汽源压力。蒸汽管道要设汽水分离器，保证灭菌蒸汽品质，可在灭菌器进气口处设置蒸汽质量采样阀。

4. 降温通风系统

大型压力蒸汽灭菌器运行时会产生大量热气，安装区域应考虑设置合理的降温换气设施。可通过增加每小时换气次数，调整区域空气压差，大型压力蒸汽灭菌器维修舱或隔断内增加送排风风道设备，设置独立的空调系统，不受大楼中央空调限制等。室内蒸汽管道做好保温隔热防护。

第二节　大型压力蒸汽灭菌器的质量控制相关标准和技术规范

一、灭菌设备相关标准与技术规范说明

在世界范围内，蒸汽灭菌设备均有相应的标准和规范给予技术指标和质量管控的指导和要求。国外有ISO标准、EN欧洲标准等。国内有国家标准、行业标准和计量技术规范等。不同的标准侧重点不同，内容有所差异，适用范围和基本要求也有较大区别。实际使用中应按照基本使用目的和要求参照不同的标准作为工作上的依据。

本节以大型压力蒸汽灭菌器常用的国内外标准为基本原则，以适用范围、主要内容、使用注意事项等对相关的标准进行简要的介绍。每种标准内容都较为详细和丰富，在使用时应以标准或技术规范原文为准。标准在实施一段时间后都会进行修订，应及时查找并以现行有效版本为参照依据。

二、国外相关标准及内容简介

（一）《卫生保健产品灭菌—湿热》（ISO 17665：2013）

ISO 17665包含以下3个部分。

第一部分：医疗设备灭菌过程的制定、确认和日常控制的要求。

第二部分：ISO 17665-1的应用指南。

第三部分：设计一类产品中的医疗设备和蒸汽灭菌过程种类的指南。

3个部分对湿热灭菌设备的控制、安装、程序、确认等内容进行了详细的说明和具体的要求。3个部分发布的年限不同，时间跨度较大，第一部分于2006年发布，第三部分于2013年发布。

第一部分主要包含了湿热灭菌过程的制定、确认和日常控制的要求，对蒸汽灭菌的各相关部分进行定义、明确和确认，包括对测量方法、灭菌介质特征过程和设备特性、产品及过程定义、安装、程序和性能确认以及日常监测和维护等进行了详细规定。虽然该文件适用限制为医疗器械，但也可适用于其他保健产品的指定要求并提供指导。第二部分为ISO 17665-1的应用指南，对第一部分提出的要求进行了具体详细的说明，给出应用ISO 17665：2013进行有关工作的指导。第三部分为医疗器械湿热灭菌产品族和过程类别的应用指南。

ISO 17665-3 给出了医疗器械产品族分类的思路和详细示例，可很好地指导用户对被灭菌物品进行分类和合理地装载，同时选择或设计有效的灭菌参数和灭菌程序，确保达到灭菌目的。ISO 17665-3 将器械的设计、重量、材料和无菌屏障系统 4 个方面属性作为衡量灭菌抗力的指标。对于这 4 个方面的属性，再分别定义不同的难度等级，综合不同的属性和难度等级详细的给出了灭菌的难易程度。产品族（Product family）这一概念对于灭菌的理解和灭菌过程的有效性非常重要。灭菌过程中不可避免的会有不同种类的物品同时进行灭菌处理或在同一批次、同一灭菌程序进行灭菌处理，此时选择的灭菌程序应考虑灭菌族中最难灭菌的物品是否达到有效灭菌。对于科学合理的使用灭菌设备进行灭菌处理具有重要意义，对被灭菌物品的合理装载具有一定的参考价值。

（二）《健康技术备忘录 2010》（HTM 2010）

HTM 2010 包含以下 5 个部分。

第一部分：管理方针。

第二部分：设计思考。

第三部分：验证和确认。

第四部分：运行管理。

第五部分：良好实践指南。

HTM 2010 对于灭菌设备的设计、安装、操作、管理、验证等给出了非常翔实的内容，是较为详细全面的关于灭菌设备的标准。

第三部分关于灭菌设备的验证和确认的很多内容可用来作为计量检测的基本依据。例如关于测量间隔，该文件指出，应在灭菌保持时间内有 180 个测量数据，以此可以给出灭菌测量间隔的基本设定时间。如灭菌时间为 3 min，则测量间隔应为 1 s/ 次，以此类推，很大程度上为精确数据处理提供了依据。此外，随着科技的发展和测量技术的提高，一些内容也需要根据实际情况予以区别。如温度测量标准器的选择，当前无线温度记录器、无线压力 / 温度记录器的技术指标和适用性能够极大的满足蒸汽灭菌的监测需求，已经较为广泛的应用于灭菌设备的温度、压力、时间等物理参数的计量检测，热电偶、铂电阻等有线测量方式多数情况下无法适用于灭菌设备密封性的要求。

（三）EN 285:2015 Steam Sterilizers: Large sterilizers

EN 285：2015 由欧洲标准化组织（CEN）批准，由 CEN/TC 12“医用灭菌器”

技术委员会编制。历次发布的版本包括：EN 285：1996；EN 285：2006。

EN 285：2015 规定了大型压力蒸汽灭菌器的要求和相关测试，大型压力蒸汽灭菌器最初用于卫生保健用途的医疗设备及其附件的灭菌，可装载一个或多个灭菌单元。该标准描述的测试包含了大多数的负载（如金属、橡胶和多孔材料组成的包装物品）类型的大型压力蒸汽灭菌器的一般性评价。特殊负载（如重金属物质或长并且或者窄的内腔）需要使用其他的测试负载。

EN 285：2015 与 GB 8599—2008 都是适用于大型压力蒸汽灭菌设备，设备至少可以放置一个灭菌单元或者其容积不小于 60 L。标准也可用于医疗设备的商业生产。

EN 285：2015 没有对使用、包含或暴露于易燃物质或可能引起燃烧的物质的大型压力蒸汽灭菌器作出规定。没有明确规定用于处理生物废物或人体组织的设备的要求。

EN 285：2015 对大型压力蒸汽灭菌器的要求和测试进行相关的规定。要求主要包括机械部件、工艺部件、控制系统、仪表指示与记录设备、安全和标识等设备的操作和必备性能等，以实现大型压力蒸汽灭菌器的基本功能和使用目标。测试主要包括微生物、温度、气密性、空气检测、干燥度、噪声、蒸汽质量、压力等物理、化学和生物的测试要求，以监测大型压力蒸汽灭菌器灭菌程序和灭菌工艺是否达到使用要求，灭菌效果是否满足等。

三、国内相关标准和技术规范及内容介绍

（一）《医院消毒供应中心》（WS 310—2016）

《医院消毒供应中心》为国家卫生行业标准，由中华人民共和国国家卫生和计划生育委员会 2016 年 12 月 27 日发布，2017 年 6 月 1 日实施。从诊疗器械相关医院感染预防与控制的角度，对医院消毒供应中心的管理、操作、监测予以规范的标准，适用于医院和为医院提供消毒灭菌服务的消毒服务机构。它包括以下 3 个部分。

1.《医院消毒供应中心第 1 部分：管理规范》（WS 310.1—2016）

第 1 部分规定了医院消毒供应中心管理要求、基本原则、人员要求、建筑要求、设备设施、耗材要求及水与蒸汽质量要求。

2.《医院消毒供应中心第 2 部分：清洗消毒及灭菌技术操作规范》（WS 310.2—2016）

第 2 部分规定了医院消毒供应中心的诊疗器械、器具和物品处理的基本要求、操作流程。

3.《医院消毒供应中心第3部分：清洗消毒及灭菌效果监测标准》（WS 310.3—2016）

第3部分规定了医院消毒供应中心的消毒与灭菌效果监测的要求、方法、质量控制过程的记录与可追溯要求。

与WS 310—2009相比，WS 310—2016版本的内容进行了调整并增加了多项内容，如消毒供应中心信息化建设、灭菌蒸汽用水和蒸汽冷凝物质量指标、植入物放行、管腔器械内腔清洗、压力蒸汽灭菌每年监测温度压力和时间等参数、使用特定灭菌程序时对灭菌质量监测等，对于清洗消毒和灭菌的管理、操作、灭菌效果监测等都提出了明确的、具体的要求。

（二）《大型蒸汽灭菌器技术要求　自动控制型》（GB 8599—2008）

国标GB 9588—2008于2008年12月12日发布，2009年12月31日实施。

GB 8599—2008规定了大型蒸汽灭菌器技术要求，包括了术语和定义、型式与基本参数、要求和试验方法。该标准适用于可以装载一个或多个灭菌单元、容积大于60 L的大型蒸汽灭菌器，该灭菌器主要用于医疗保健产品及其附件的灭菌；该标准不适用于手动控制型的大型蒸汽灭菌器。该标准主要内容包括以下三个方面。

1. 基本参数

额定工作压力不大于0.25 MPa；灭菌工作温度为115 ℃ ~ 138 ℃。压力和温度覆盖了大型蒸汽灭菌器常用灭菌温度范围，如灭菌温度超过138 ℃，应予以确定是否达到灭菌需求和灭菌参数要求，并对灭菌程序进行确认，尤其是物理参数的监测。

2. 要求

规定了大型蒸汽灭菌器正常工作条件、外观与尺寸、材料、仪表、控制等要求。温度参数包括小负载和满负载灭菌器腔体内部温度应达到的技术条件和要求内容。

3. 试验方法

根据该标准具体的要求内容给出了相应的试验方法，是对大型蒸汽灭菌器性能指标的综合评价重要手段。

GB 8599—2008与EN 285：2006的一致性程度为非等效，说明GB 8599—2008与EN 285: 2006只有相应的对应关系，在技术内容和文本结构上都有不同。

（三）《医用热力灭菌设备温度计校准规范》（JJF 1308—2011）

JJF 1308—2011于2011年9月14日发布，2011年12月14日实施，是计量行业人员进行灭菌设备进行校准时依据的技术文件。

该规范适用于医用饱和蒸汽热力灭菌设备温度计计量性能的校准，其他湿热灭菌设备温度计校准也可以参照此规范。该规范主要内容为计量特性、校准项目、校准方法、数据处理、复校间隔时间等。

JJF 1308—2011 可作为灭菌设备校准时的参照依据。校准项目为温度示值误差，针对灭菌设备温度计；而对于灭菌设备腔体内的温度均匀性、温度波动度和灭菌时间等均没有涉及。该规范的校准项目和内容相对有较大局限性，实际工作中可根据具体情况予以区别，以按照设备主要要求和使用目的为依据进行。

该规范要求校准时负载条件为空载。实际操作中，可在负载条件下校准，但应注明负载的条件，如小负载、满负载等。校准结果应给出不确定度，在采用校准证书给出的校准结果时应考虑不确定度的数值，以保证结果的可靠有效。JJF 1308—2011 对于示值误差测量不确定度评定给出了具体的示例，可以参照进行分析确定每次校准后校准结果的不确定度。

四、参照和依据原则

灭菌物品装载宜将同类材质的器械、器具和物品置于同一批次进行灭菌。一般地，只要是大型压力蒸汽灭菌器或器械制造商明确可以放在一起灭菌处理的物品就可以同一批次进行灭菌，但从灭菌过程的设计和验证的角度，应考虑同一装载中不同产品之间是否会产生增大灭菌挑战的因素，或者不同产品之间是否会产生影响灭菌效果的相互作用。例如将器械和敷料一同灭菌时，此种情况下应对灭菌过程进行验证以保证灭菌程序的适用性，同时应尽可能保持灭菌装载的规范性，而且每种灭菌装载都是经过有效性验证。

大型压力蒸汽灭菌器的制造商可能会在大型压力蒸汽灭菌器中内置一些预先设定好的灭菌程序，以适应各种医疗器械或敷料组合。但是随着医疗器械设计和材质的愈加复杂，对于某些医疗器械或敷料组合，可能还需要设计一些特殊的灭菌程序以达到满意的灭菌效果。例如一些超大超重或结构复杂的医疗器械，或者有些无菌屏障系统或包装系统和器械的组合可能会对冷空气去除和蒸汽穿透产生阻力，从而影响传热和灭菌效果。

各个行业和部门在灭菌设备的使用上要求不尽相同，应根据使用目的选择适用的标准或技术文件作为工作的参照或依据，或者根据标准的要求制订适合的作业指导书或操作指南，以科学合理的使用灭菌设备，保障灭菌结果可靠有效。

第三节　大型压力蒸汽灭菌器的质量监测

一、大型压力蒸汽灭菌器质量监测的要求与原则

（一）质量监测要求

（1）专人负责监测工作。

（2）定期对监测材料卫生安全评价报告及有效期等进行检查。如果是自制测试包应符合《医疗机构消毒技术规范》（WS/T 367—2012）的要求。

（3）遵循大型压力蒸汽灭菌器生产厂家的使用说明定期进行检查、日常清洁、维护性保养与维护的要求。

（4）每年对大型压力蒸汽灭菌器灭菌程序的温度、压力和时间进行物理检测。

（5）定期对大型压力蒸汽灭菌器压力表、安全阀进行检测。

（二）质量监测原则

（1）医院应建立大型压力蒸汽灭菌器使用和监测档案。

（2）对灭菌操作人员进行规范化培训，掌握使用要求和质量监测方法。

（3）明确大型压力蒸汽灭菌器类型，根据大型压力蒸汽灭菌器的性能和灭菌程序，对灭菌物品进行正确灭菌。

（4）严格控制灭菌质量。特定灭菌负载选择相应的灭菌周期，并进行灭菌性能的验证，并对相应的灭菌程序进行灭菌效果监测。

二、大型压力蒸汽灭菌器质量监测方法

（一）物理监测法

1. 日常监测

每批次灭菌应连续监测并记录灭菌温度、时间和压力参数（表 3.3）。灭菌温度应在不低于设定灭菌温度，不超过设定灭菌温度 +3℃范围内，灭菌时间应满足最短灭菌时间的要求，同时应记录所有临界点的时间、温度与压力值，结果应符合灭菌的要求。监测、记录及结果判定由操作者负责，结果须双人复核，并签名确认。

表 3.3　灭菌温度、时间及压力参考值

设备类别	物品类别	设定灭菌温度	最短灭菌时间	压力参考范围
下排气式	敷料	121 ℃	30 min	102.8 ～ 122.9 kPa
	器械		20 min	
预真空式	器械、敷料	132 ℃	4 min	184.4 ～ 210.7 kPa
		134 ℃		201.7 ～ 229.3 kPa

2. 定期监测

应每年用温度压力检测仪监测温度、压力和时间参数，检测仪探头放置于最难灭菌的部位。

（二）化学监测法

1. 应进行包外、包内化学指示物监测

具体要求为灭菌包包外应有化学指示物，高度危险性物品包内应放置包内化学指示物，置于最难灭菌的部位。如果透过包装材料可直接观察包内化学指示物的颜色变化，则不必放置包外化学指示物。根据化学指示物颜色或形态等变化，判定是否达到灭菌合格要求。

2. 采用快速程序灭菌时进行化学监测

直接将一片包内化学指示物置于待灭菌物品旁边进行化学监测。

3. 化学指示物的分类

（1）一类（过程指示物）：用于单个单元（如灭菌包、容器），用于表明该灭菌单元曾直接暴露于灭菌过程，并区分已处理过和未处理的灭菌单元。它应对灭菌关键过程变量中的一个或多个起反应。

（2）二类（用于特定测试的指示物）：用于相关灭菌器 / 灭菌标准中规定的特定测试步骤。

（3）三类（单变量指示物）：应对灭菌关键变量中的其中一个起反应，并用于表明在其所暴露的灭菌过程中它所起反应的那个变量达到了标定值的要求。

（4）四类（多变量指示物）：应对灭菌关键变量中的两个或多个起反应，并用于表明在其所暴露的灭菌过程中它所起反应的那些变量达到了标定值的要求。

（5）五类（整合指示物）：应对所有灭菌关键变量起反应，产生的标定值等同于或超过 ISO 11138 系列标准所给出的对生物指示物的性能要求。

（6）六类（模拟指示物）：是灭菌周期验证指示物，它应对特定灭菌周期的所有灭菌关键变量起反应，其标定值是从特定灭菌过程的关键变量中产生的。

（三）生物监测法

（1）应至少每周监测 1 次，监测方法遵循《中华人民共和国卫生行业标准 WS 310.3—2016 医院消毒供应中心第 3 部分：清洗消毒及灭菌效果监测标准》附录 A 的要求：将标准生物测试包或生物 PCD（含一次性标准生物测试包），对满负载灭菌器的灭菌质量进行生物监测。标准生物监测包或生物 PCD 置于灭菌器排气口的上方或生产厂家建议的灭菌器内最难灭菌的部位，经过一个灭菌周期后，进行培养并观察培养结果。

（2）在紧急情况下灭菌植入物时，使用含第五类化学指示物的生物 PCD 进行监测，化学指示物合格可提前放行，生物监测的结果应及时通报使用部门。

（3）采用新的包装材料和方法进行灭菌时应进行生物监测。

（4）采用快速压力蒸汽灭菌程序时，应将一支生物指示物置于空载的大型压力蒸汽灭菌器内，经一个灭菌周期后取出，在规定条件下进行培养并观察结果。

（5）生物监测不合格时，应尽快召回自上次生物监测合格以来所有尚未使用的灭菌物品，重新处理。并分析不合格的原因，改进后，再进行连续 3 次生物监测，都合格后方可使用大型压力蒸汽灭菌器。

（6）上述灭菌监测结果应保存时间不少于 3 年。

（7）生物监测结果判定：

①阳性对照组培养阳性，阴性对照组培养阴性，试验组培养阴性，判定为灭菌合格。

②阳性对照组培养阳性，阴性对照组培养阴性，试验组培养阳性，则灭菌不合格；当培养结果为灭菌不合格时，应进一步鉴定试验组阳性的细菌是否为指示菌抑或是受污染所致。

③自含式生物指示物不用设阴性对照。

（8）注意事项：

①监测所用菌片或自含式菌管应在有效期内使用。

②如果 24 小时内进行多次生物监测，且生物指示剂为同一批号，则只设一次阳性对照即可。

三、灭菌负载超大、超重和改变包装方法后灭菌器的质量监测

采用温度压力检测仪监测包内不同位置点位的灭菌温度、压力和时间值，通过不同阶段温度、压力和时间实测值确定大型压力蒸汽灭菌器灭菌效果，并不断调整包的重量和大小，直到物理参数符合要求。

四、大型压力蒸汽灭菌器维修后的质量监测

（一）大型压力蒸汽灭菌器新安装、移位和大修后的质量监测

依据《医院消毒供应中心第 3 部分：清洗消毒及灭菌效果监测标准》（WS 310.3—2016）中规定大型压力蒸汽灭菌器新安装、移位和大修后应进行物理监测、化学监测。物理监测、化学监测通过后，生物监测应空载连续监测 3 次，合格后蒸汽灭菌器方可使用，监测方法应符合《医疗保健产品灭菌　医疗保健机构湿热灭菌的确认和常规控制要求》（GB/T 20367—2006）的有关要求。大型预真空（包括脉动真空）压力蒸汽灭菌器应进行 B-D 测试并重复 3 次，连续监测合格后，蒸汽灭菌器方可使用。

大型压力蒸汽灭菌器大修后，根据维修部件的不同，如果维修了腔体或夹层还需要加做泄漏测试，以保证大型压力蒸汽灭菌器整体性能完好。大型压力蒸汽灭菌器大修后需做的质量监测项目（建议）见表 3.4。

表 3.4　大型压力蒸汽灭菌器大修后需做的质量监测项目（建议）

灭菌系统	更换或维修配件	泄漏测试 / 次	物理监测 / 次	化学监测 / 次	B-D 测试 / 次	生物监测 / 次
腔体和夹层	腔体或夹层（补焊维修）	1	1	1	3	3
控制系统	EPROM（程序存储器）更换或丢失程序	—	1	1	3	3
	数字输入模块	—	1	1	3	3
	数字输出模块	—	1	1	3	3
	更换 PLC 电池（丢失模块）	—	1	1	3	3
真空系统	真空泵	1	1	1	3	3
	与内室连接气动阀	1	1	1	3	3

续表 3.4

灭菌系统	更换或维修配件	泄漏测试／次	物理监测／次	化学监测／次	B-D 测试／次	生物监测／次
显示和记录装置	内室温度传感器（更换或校正）	1	1	1	3	3
显示和记录装置	内室压力传感器（更换或校正）	1	1	1	3	3
管路系统	无菌气体回路系统（如更换气动阀或电磁阀）	1	1	1	3	3
	蒸汽管路（与内室连接进出汽）更换气动阀和电磁阀	1	1	1	3	3
密封门	更换密封门	1	1	1	3	3

（二）大型压力蒸汽灭菌器日常维修后的质量监测

大型压力蒸汽灭菌器日常维修后，应判断该维修配件是否为控制系统的核心配件。若维修配件是控制系统的核心配件，则按照本节中关于大型压力蒸汽灭菌器大修的要求进行质量测试；如果维修配件不是控制系统核心配件，应根据维修的项目选择合适的监测方法，监测合格后大型压力蒸汽灭菌器方可使用。

第四节　大型压力蒸汽灭菌器的应急管理

一、大型压力蒸汽灭菌器应急管理的背景和需求

根据《中华人民共和国特种设备安全法》《特种设备安全监察条例》（国务院令第 373 号），加强特种设备的安全监管，防止和减少设备故障，保障人民群众生命和财产安全，以及提高灭菌设备的完好使用率，保障无菌物品的安全供给。同时也满足医疗机构提高社会效益和经济效益的需要。

二、大型压力蒸汽灭菌器应急管理的现状

长期以来，和用于诊疗的医疗设备不同，一些医院对大型压力蒸汽灭菌器等特种设备重视度相对不足，存在管理责任不明确、落实不到位、部分制度缺失、人员严重缺乏的情况。目前，大型压力蒸汽灭菌器的管理现状具体表现为以下几个方面。

（一）管理制度不健全

蒸汽灭菌设备的日常管理机制需进一步细化、规范，加强落实，将日常管理与考核机制结合起来，从根本上排除使用安全隐患，降低使用中的维护保养成本。

（二）人员配备不到位

由于一些医疗机构对特种设备的管理意识淡薄，导致医疗机构缺乏相应的管理人员，内部技术力量薄弱，缺少持续有效的监督检查。目前，少部分医院中存在着“重医轻工”的现象，没有意识到医疗设备管理工作的重要性；在医院的人力资源配置中，缺乏医疗设备管理、维修方面的专业技术型人才，现有工作人员整体学历较低，缺乏过硬的专业理论基础，同时外出进修、培训的机会较少。因此，在管理、维修方面相对落后、简单。

（三）设备日常维护不及时

与临床用医疗设备周期性的维护保养不同，大型压力蒸汽灭菌器等特种设备在少部分医院的维护保养相对松散、滞后，没有足够的人员对其进行日常维护与保养，也未委托有资质的第三方进行定期维保，仅有部分使用科室人员进行每日巡查，致使设备的使用安全隐患不能及时发现、排除。

（四）监督检查不落地

按照相关法律法规要求，大型压力蒸汽灭菌器的操作人员应考取特种设备操作证书，对操作人员进行设备实际操作、管理及相关法律法规等内容进行定期培训和应急演练，提高人员安全生产意识。目前，医院内部对使用人员的监督检查还应继续加强，杜绝安全管理漏洞。

（五）档案管理不完整

特种设备档案管理意识淡薄、无专人管理、制度缺失，存在档案内容不全及缺失情况，信息化水平不高。在对数据进行动态收集和管理方面存在缺陷，难以实现

信息的深层次加工；同时管理系统平台还比较落后，使用的设备管理软件大多数都难以满足医院的需求。

三、大型压力蒸汽灭菌器应急管理体系的建设

（一）大型压力蒸汽灭菌器应急管理委员会的组建

应当遵循医疗机构统一领导、归口管理、分级负责、权责一致的原则。医疗机构应成立大型压力蒸汽灭菌器应急管理委员会，认真落实领导负责制，全面部署灭菌器应急管理工作，制订应急管理制度，明确相关机构（部门）的管理职责与要求。形成有系统、分层次、上下一致、分工明确、相互协调、信息畅通的应急体系。

（二）大型压力蒸汽灭菌器应急管理制度

（1）医疗机构成立大型压力蒸汽灭菌器应急管理委员会，使用部门应设立设备应急管理小组，部门负责人担任总指挥，负责对大型压力蒸汽灭菌器在操作前、操作中及操作后等工作环节的应急情况进行管理。

（2）使用部门在操作蒸汽灭菌设器工作环节管理中，建立严格的规章制度，规范的操作流程。在突发重点环节应急处理中，部门人员（操作者）应实行统一领导、统一指挥、责任追究。

（3）设备应急管理小组应该由使用部门相关负责人组成，进行责任分管，组织应急梯队，在各自职责范围内做好应急处理的相关工作。

（4）对于大型压力蒸汽灭菌器的应急管理应当以预防为主、常备不懈。操作人员应遵循反应及时、措施果断、加强合作的原则。操作人员遵循各项规章制度、坚守岗位、定时巡视、对高危环节要有安全预见性，及早发现异常情况，尽快采取应急措施。熟练掌握灭菌设备操作规程。

（5）设备应急管理小组应建立定期安全检查制度，同时加强重点环节日常检查工作，做好各班次的交接工作。加强操作人员应急处理能力的训练及对安全意识的教育，提高防范差错、事故的能力。

（6）使用部门负责人或任何个人对特种设备应急突发事故不得隐瞒、缓报、谎报或者授意他人隐瞒、缓报、谎报。

（7）使用部门应根据事件的关键环节管理出现的问题，组织相关人员分析、讨论，认真总结经验，对实施中发现的问题及时修订、补充，不断改进工作，做到重点环节的有效管理。

（三）大型压力蒸汽灭菌器应急管理的具体措施

（1）医疗机构相关使用部门负责人（科室主任）领导下的设备应急管理小组，设立医学装备兼职管理员，部门负责人（科室主任）为第一责任人。

（2）医疗机构相关使用部门应建立健全《医学装备应急保障预案》。

（3）医学装备兼职管理员定期进行巡查设备状况，填写巡查表，实时掌握大型压力蒸汽灭菌器状态，每月进行一次巡检、维护、保养，与设备操作人员交流与沟通，了解设备使用运行情况，做到及时发现问题，及时处理，对潜在的安全隐患提出改进措施，保证设备保持正常备用状态。

（4）设备应有“仪器运行状态”标识和《使用维修记录本》，明确设备的正常、维护、停用状态，使用维修需作记录。

（5）设备操作人员需每日检查设备运行状况，并做好记录，发现问题，及时通知相关部门快速解决。

（6）设备操作人员应持证上岗，并熟知设备性能及操作要求，严格按照操作规程使用。

（7）大型压力蒸汽灭菌器应急管理委员会定期对设备操作人员进行安全培训教育，保证灭菌器操作人员具备必要的蒸汽灭菌器安全知识。

（8）根据行业标准，特殊设备使用部门应对所使用的大型压力蒸汽灭菌器的压力表、安全阀进行定期检验。每年对所使用大型压力蒸汽灭菌器的温度、压力和时间参数进行检测。该检测可由有资质的计量技术机构进行检测。

（9）医疗机构应制定相应的医疗器械临床使用安全管理规范及医疗器械临床使用安全管理等制度文件。相关使用部门人员应认真学习制度文件并实施，不得使用过期、失效医疗设备；发现医疗器械不良事件、意外事件时，相应人员应及时处理，并上报灭菌设备应急管理委员会或相关部门。《医疗设备（器械）可疑不良事件 / 不良事件报告表》（样张）见表 3.5。

表 3.5　医疗器械可疑不良事件 / 不良事件报告表（样张）

报告日期：　　年　月　日　时　分　　　　　　　　发生时间：　　年　月　日　时　分

报告人：医师　　技师　　护士　　其他

A．患者资料		
1．患者姓名：	2．年龄：	3. 性别 □男　◎女
4. 在场相关人员或相关科室：		

续表 3.5

5．临床诊断：
B．不良事件情况
6. 事件发生场所：□ 急诊　□门诊　□ 住院部　□ 医技部门　行政后勤部门　□ 其他
7．事件主要表现：
8．事件发生日期：　　年　月　日
9. 事件后果 ◎ 死亡　　　　(时间)： ◎ 威胁生命； ◎ 机体功能结构永久损伤； ◎ 需要内、外科治疗避免上述永久损伤； ◎ 其他（在事件陈述中说明）
10. 不良事件等级：□ Ⅰ级事件　□ Ⅱ级事件　□ Ⅲ级事件　□ Ⅳ级事件
11. 事件陈述：（至少包括器械使用时间、使用目的、使用依据、使用情况、出现的不良事件情况、对受害者影响、采取的治疗措施、器械联合使用情况）
C．医疗器械情况
12．医疗器械分类名称：
13．商品名称：
14．注册证号：
15．生产企业名称： 生产企业地址： 企业联系电话：
16．型号规格： 产品编号： 产品批号：
17. 操作人：◎ 专业人员　◎ 非专业人员　◎ 患者　◎ 其他
18. 有效期至：　　年　月　日
19. 停用日期：　　年　月　日
20. 植入日期（若植入）：　年　月　日
D. 事件发生后及时处理与分析
21. 事件发生原因分析：
22. 事件处理情况（提供补救措施或改善建议）：
E. 不良事件评价
23. 主管部门意见陈述：

（四）大型压力蒸汽灭菌器应急预案及应急流程

（1)大型压力蒸汽灭菌器发生故障时,设备操作人员应立即查看蒸汽压力、水压、气压是否足够。大型压力蒸汽灭菌器应急流程如图 3.1 所示。

（2）若故障原因为大型压力蒸汽灭菌器故障，立即通知设备维修部门，查找原因，尽快维修。若维修后 B-D 测试不合格，应再次 B-D 测试，测试合格才能使用。如果第二次 B-D 测试不合格，则要立即停止使用，查明原因并进行维修。若维修后泄漏测试不合格，则要立即停止使用该灭菌器，查明原因并进行维修。

（3）大型压力蒸汽灭菌器如果短时间内无法恢复正常灭菌时，应立即改用其他灭菌器或选择其他灭菌方式。

（4）设备操作人员应优先处理急需、重要器械的灭菌，并通知维修部门和设备生产厂家进行维修。

（5）设备操作人员必要时应通知使用相关部门及科室，实施告知义务，并及时做出物资、手术或治疗时间的调整。

（6）做好相关事件记录和交接班

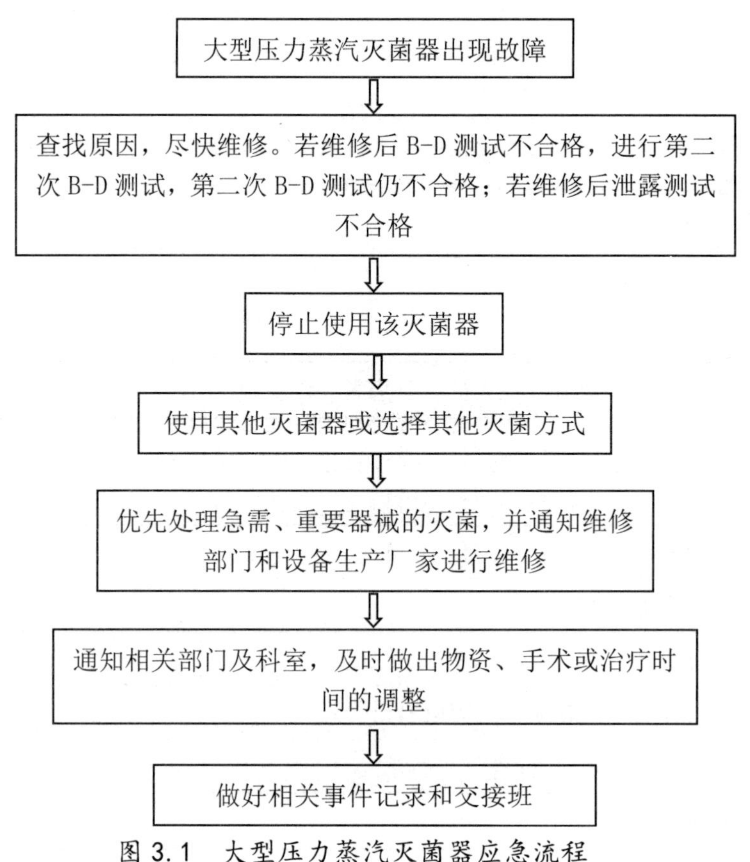

图 3.1　大型压力蒸汽灭菌器应急流程

（五）大型压力蒸汽灭菌器应急管理上报流程

发生医疗设备使用安全事件或者出现设备故障，设备操作人员应当立即停止使用该灭菌设备，并填写《医疗设备（器械）可疑不良事件/不良事件报告表》；通知大型压力蒸汽灭菌器应急管理小组或相关部门按规定进行检修；经检修达不到使用安全标准的设备，不得再使用，同时做好相关设备事件的记录。

（六）大型压力蒸汽灭菌器应急管理的记录内容及要求

（1）记录内容包括应急情况发生时间、地点、严重程度等级、发生的主要原因、采取的措施、损害的严重程度和后果、改进措施、处理意见等。

（2）记录要求要有及时性、真实性、准确性、客观性、完整性。

四、常见故障应急措施

1.大型压力蒸汽灭菌器紧急事故应急预案

发生紧急故障时，首先确保人员安全，接着启动应急处理措施，及时监测灭菌器的内外腔体压力，发现压力异常应做好手动泄压准备。对于大型压力蒸汽灭菌器异常超出处理范围的，应及时上报科室负责人并联系设备管理部门进行维修处理。大型压力蒸汽灭菌器紧急事故应急流程如图 3.2 所示。

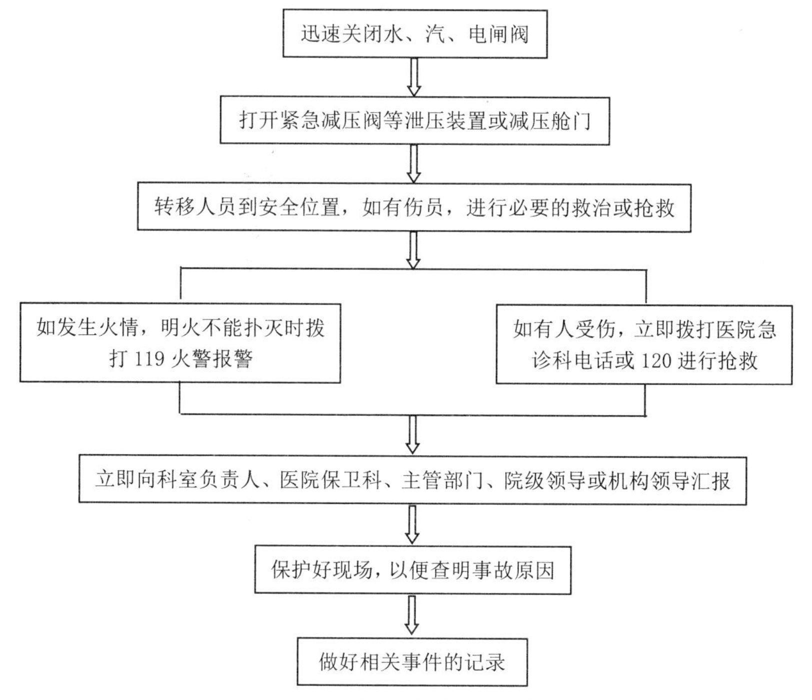

图 3.2　大型压力蒸汽灭菌器紧急事故应急流程

2. 大型压力蒸汽灭菌器停水应急预案

突然停水会造成水环式真空泵和自带蒸汽发生器的增压泵不能正常工作，缩短泵的正常使用寿命。大型压力蒸汽灭菌器停水应急流程如图 3.3 所示。

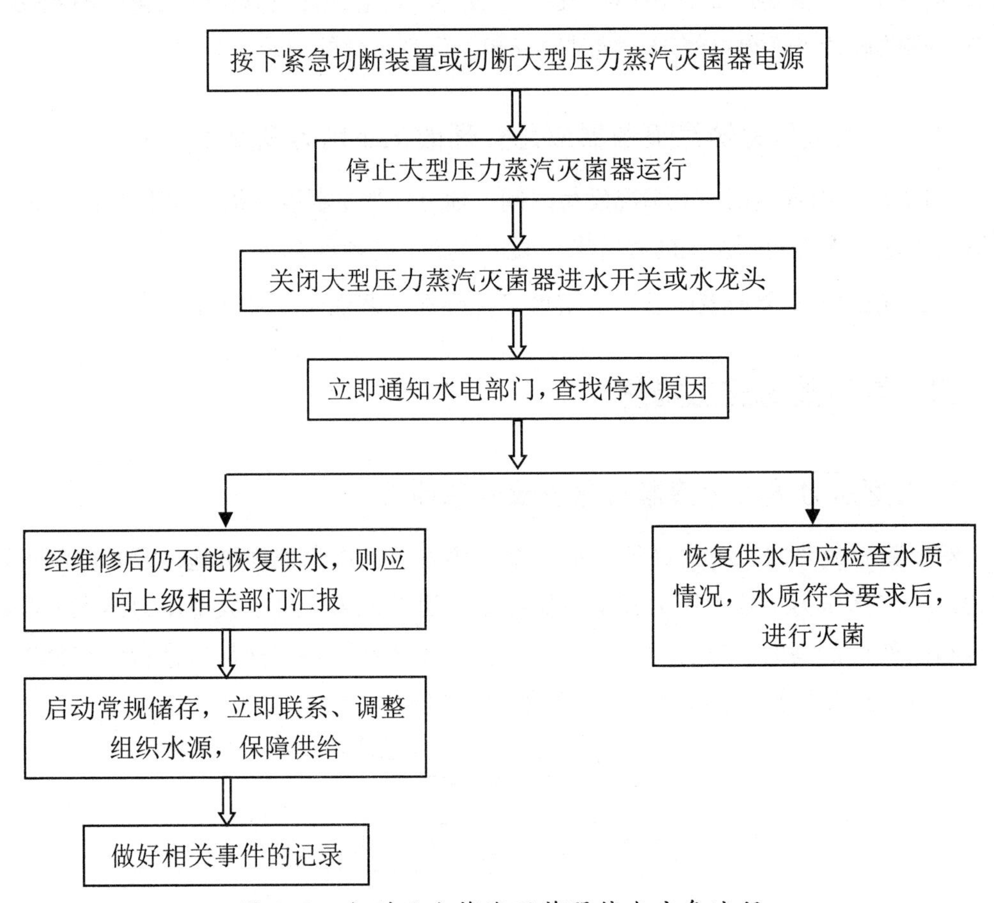

图 3.3　大型压力蒸汽灭菌器停水应急流程

3. 大型压力蒸汽灭菌器停电应急预案

先确认其他设备及照明用电是否正常，再确认大型压力蒸汽灭菌器是否停电。大型压力蒸汽灭菌器停电应急流程如图 3.4 所示。

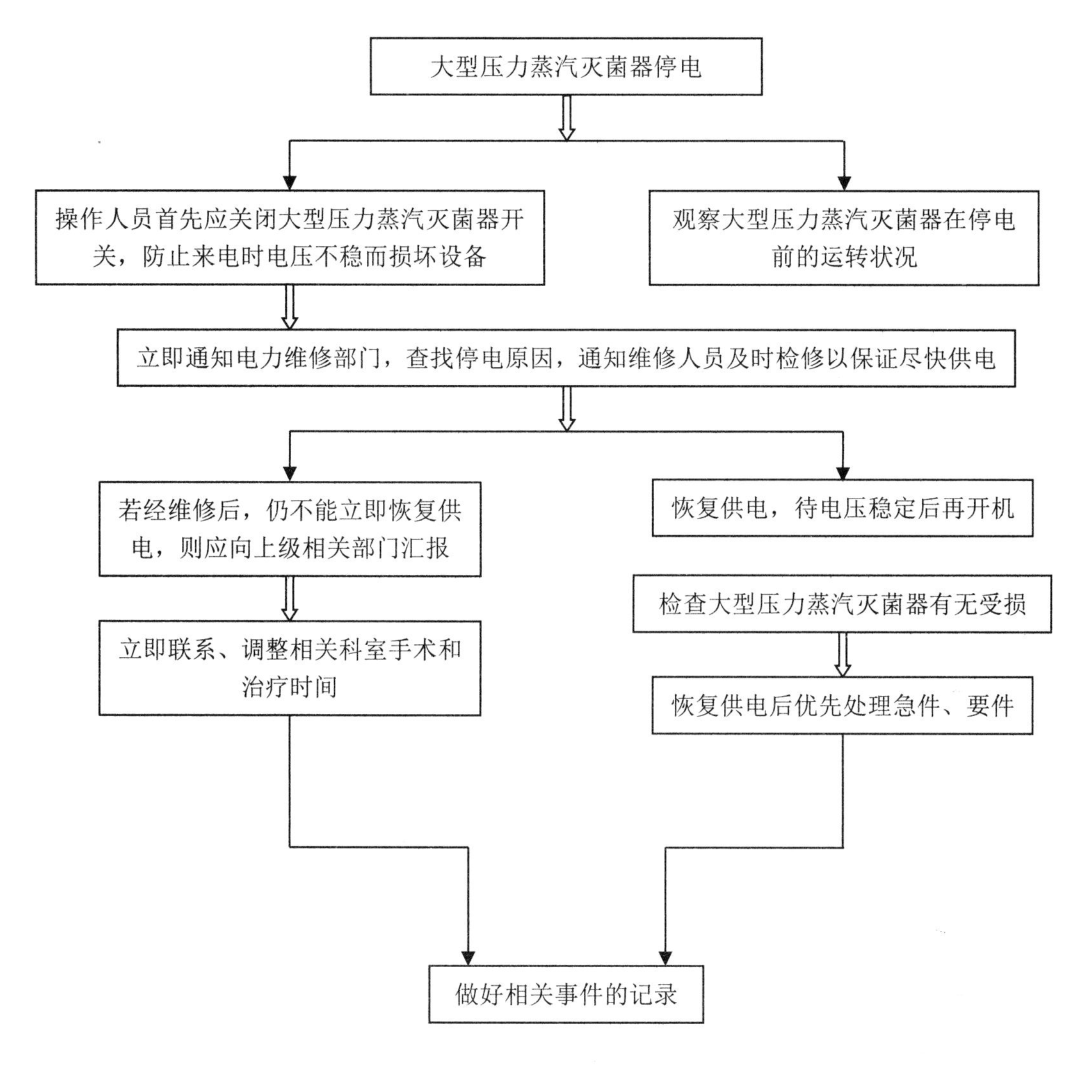

图 3.4　大型压力蒸汽灭菌器停电应急流程

4. 大型压力蒸汽灭菌器故障应急预案

（1）发现大型压力蒸汽灭菌器故障，立即联系设备维修人员，并上报部门负责人。

（2）及时联系生产厂家维修人员进行检修，尽快恢复使用。

（3）弹性排班，保证无菌物品供应。

（4）做好相关事件的记录。

大型压力蒸汽灭菌器故障应急流程如图 3.5 所示。

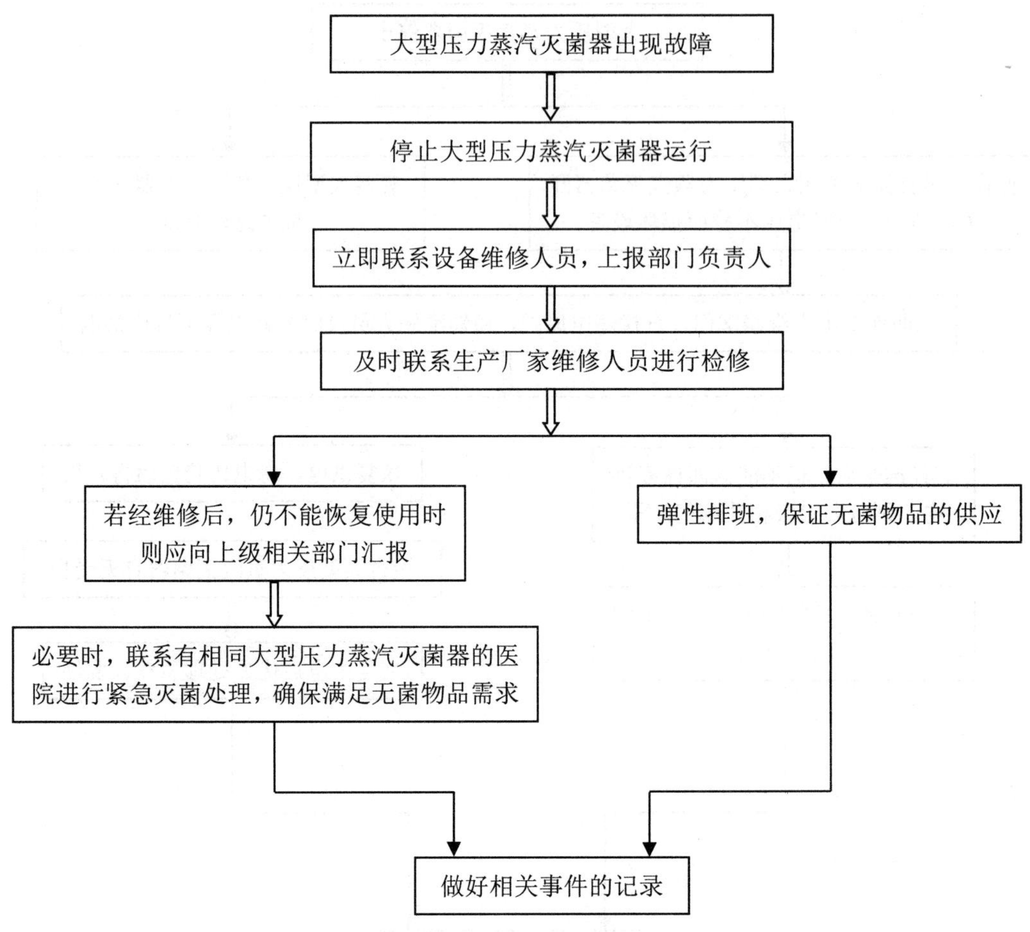

图 3.5　大型压力蒸汽灭菌器故障应急流程

5. 大型压力蒸汽灭菌器超高温、超高压应急预案

（1）发现大型压力蒸汽灭菌器压力或温度超出设备设定值。

（2）按下大型压力蒸汽灭菌器紧急停止按钮或切断大型压力蒸汽灭菌器电源。

（3）关闭蒸汽进汽阀门。

（4）打开安全阀或大型压力蒸汽灭菌器内腔手动泄汽阀。

（5）观察压力表压力是否下降。

（6）上报部门负责人并通知设备维修人员。

（7）做好相关事件的记录。

大型压力蒸汽灭菌器超高温、超高压应急流程如图 3.6 所示。

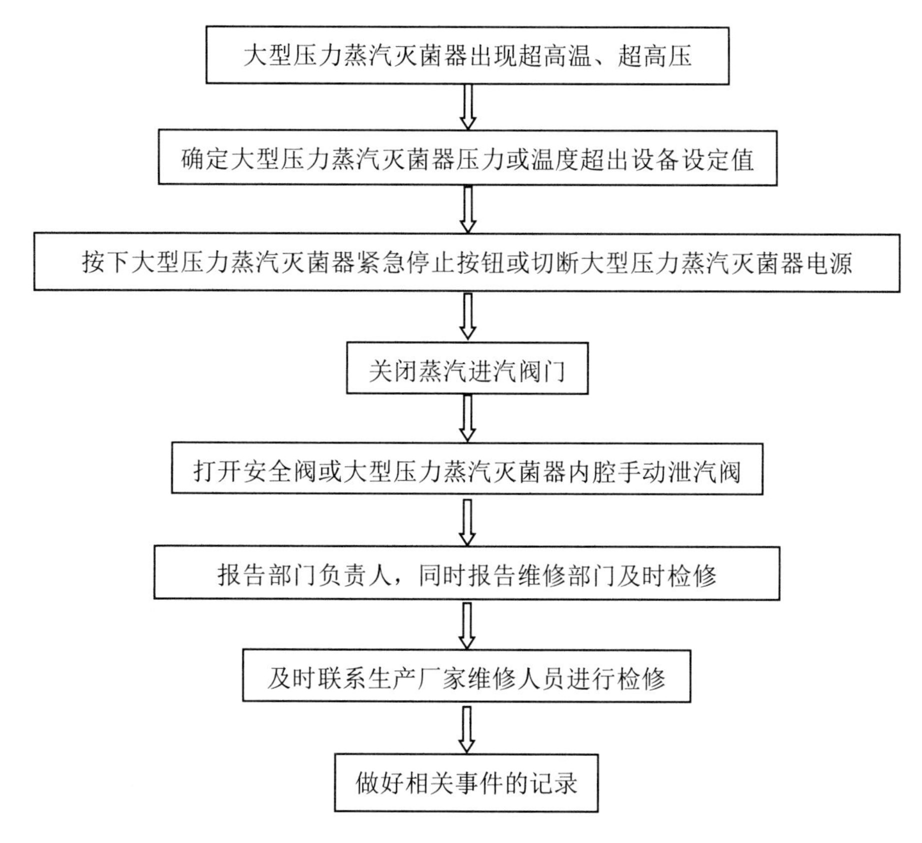

图 3.6　大型压力蒸汽灭菌器超高温、超高压应急流程

6. 蒸汽供应异常应急预案

（1）中心供蒸汽。当出现蒸汽异常或不确定恢复供蒸汽具体时间时，不停止蒸汽灭菌可能会损坏大型压力蒸汽灭菌器及相关配件。中心供汽异常应急流程如图 3.7 所示。

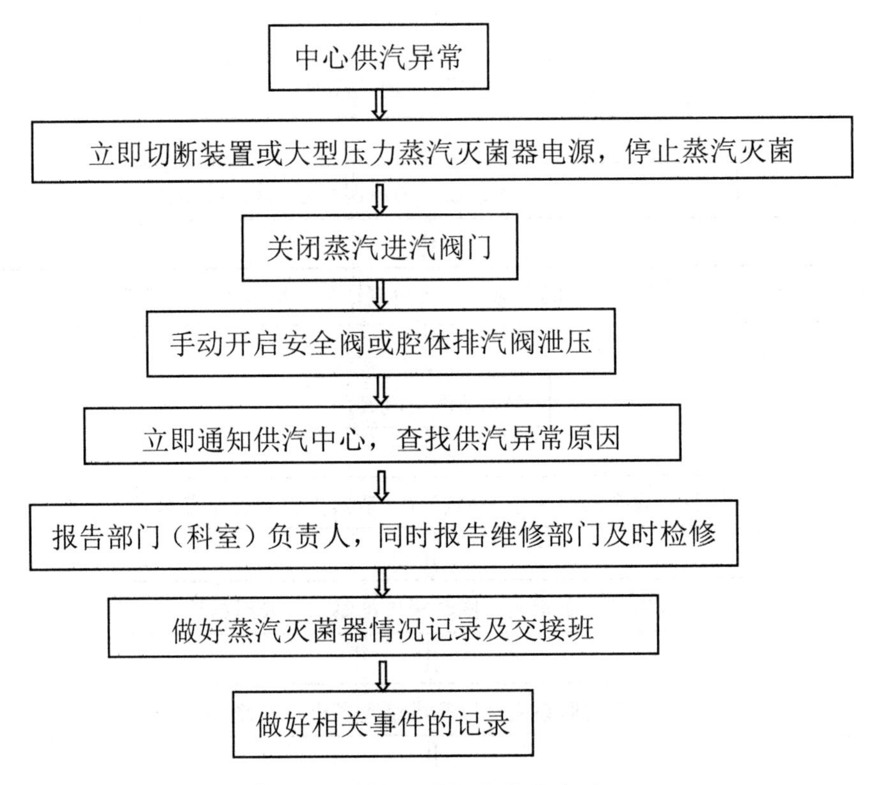

图 3.7 中心供汽异常应急流程

（2）蒸汽发生器。蒸汽发生器供汽异常应急流程如图 3.8 所示。

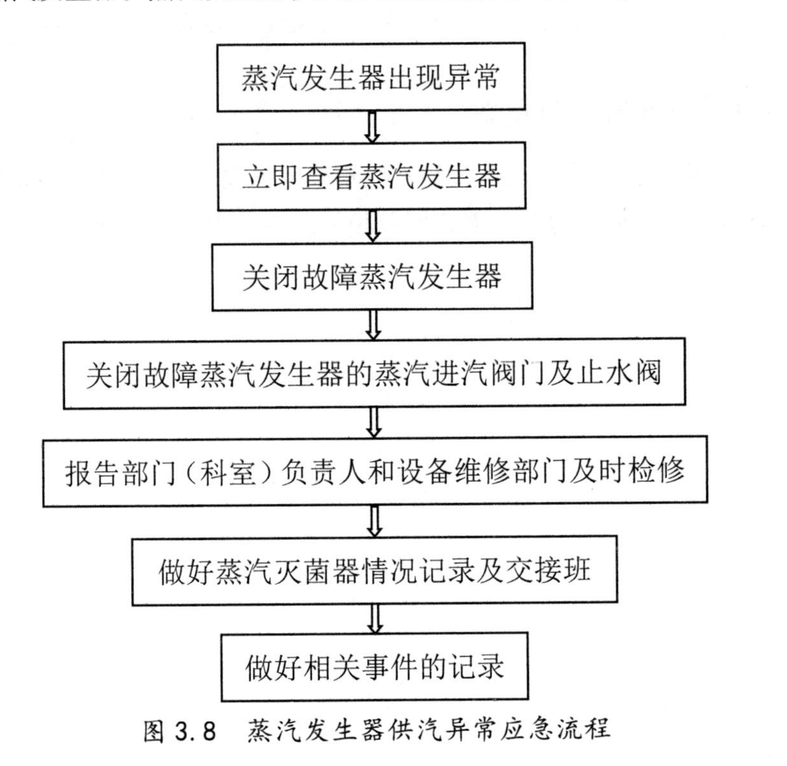

图 3.8 蒸汽发生器供汽异常应急流程

7. 蒸汽管路泄漏应急预案

（1）确认蒸汽管路泄漏位置。

（2）组织疏散周围人员。

（3）做好防高温烫伤安全防护措施。

（4）关闭漏汽点前端的阀门。

（5）如果前端无蒸汽阀门，就立即关闭蒸汽发生器电源或锅炉房主管路蒸汽。

（6）报告部门负责人并通知维修人员。

（7）待管路维修完毕，使用灭菌物品前，需对大型压力蒸汽灭菌器连续进行 3 次 B-D 测试，以及 3 次物理、化学、生物监测，合格后方可使用。

（8）做好相关事件的记录。

蒸汽管路泄漏应急流程如图 3.9 所示。

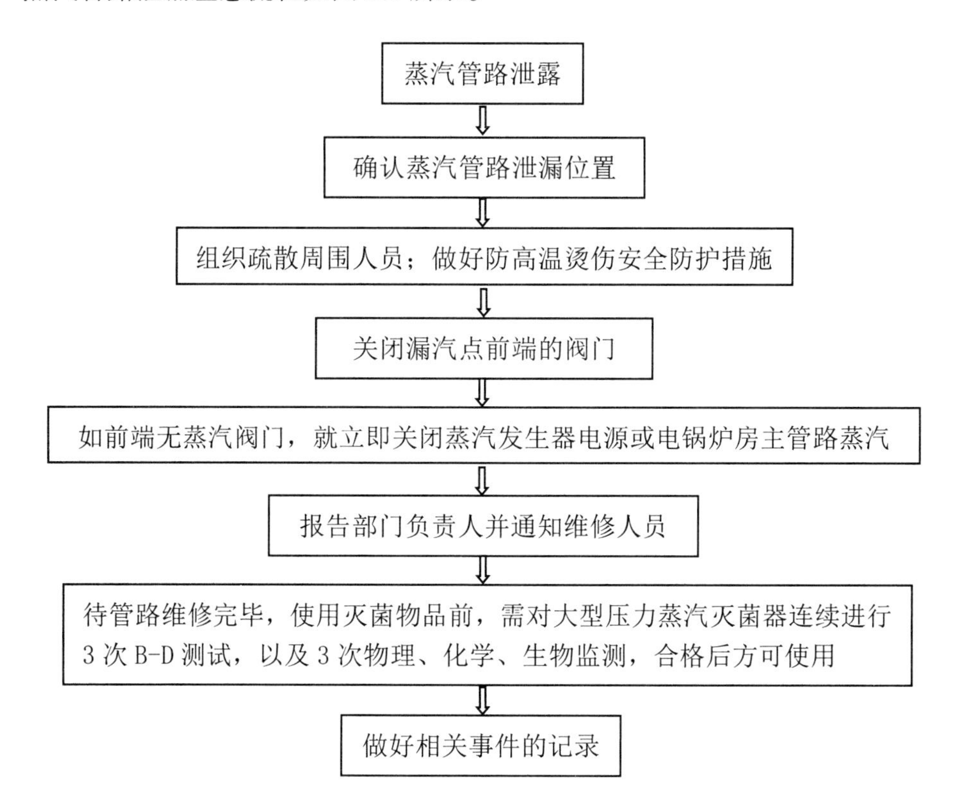

图 3.9　蒸汽管路泄漏应急流程

8. 安全阀、减压阀失灵应急预案

（1）确认大型压力蒸汽灭菌器内腔压力超出设备设定范围。

（2）大型压力蒸汽灭菌器安全阀未打开泄压。

（3）按下大型压力蒸汽灭菌器紧急停止按钮。

（4）关闭蒸汽进汽阀门。

（5）打开内腔手动泄汽阀。

（6）观察压力表压力是否下降。

（7）上报部门负责人并通知维修人员。

（8）做好相关事件的记录。

安全阀、减压阀失灵应急流程如图 3.10 所示。

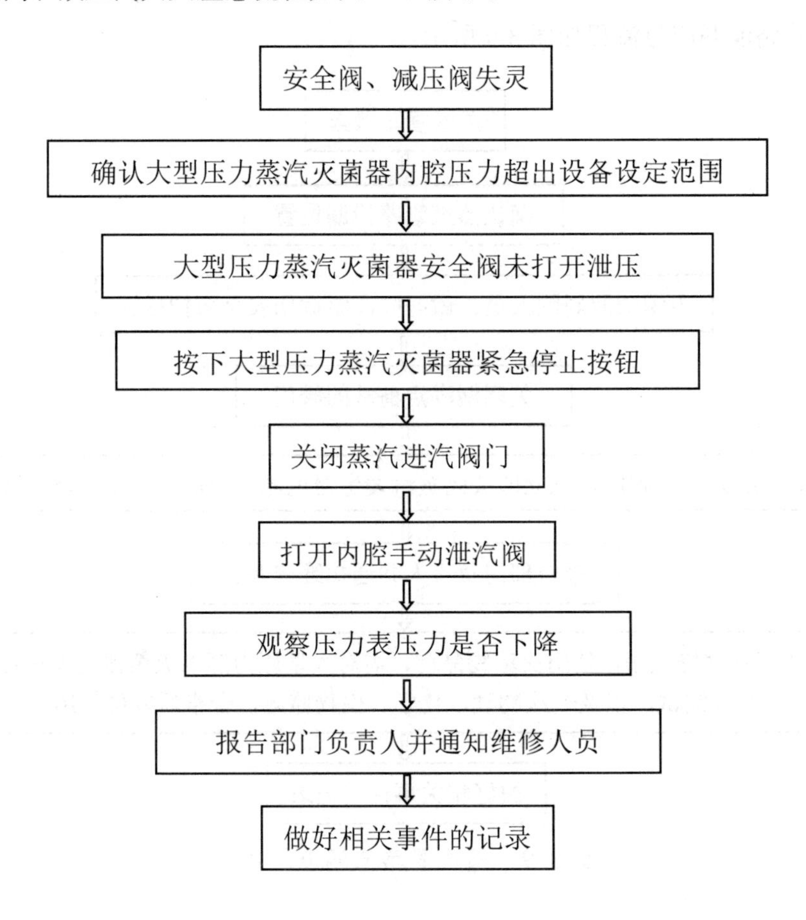

图 3.10　安全阀、减压阀失灵应急流程

9. 压力表失灵应急预案

（1）确认压力表读数与显示屏读数不一致。

（2）立即停止大型压力蒸汽灭菌器。

（3）待大型压力蒸汽灭菌器内腔压力恢复日常大气压力。

（4）报告部门负责人并通知维修人员。

（5）压力表维修后需送具有检测资质部门进行检测，合格后方可装回大型压力蒸汽灭菌器。

（6）做好事件的相关记录。

压力表失灵应急流程如图 3.11 所示。

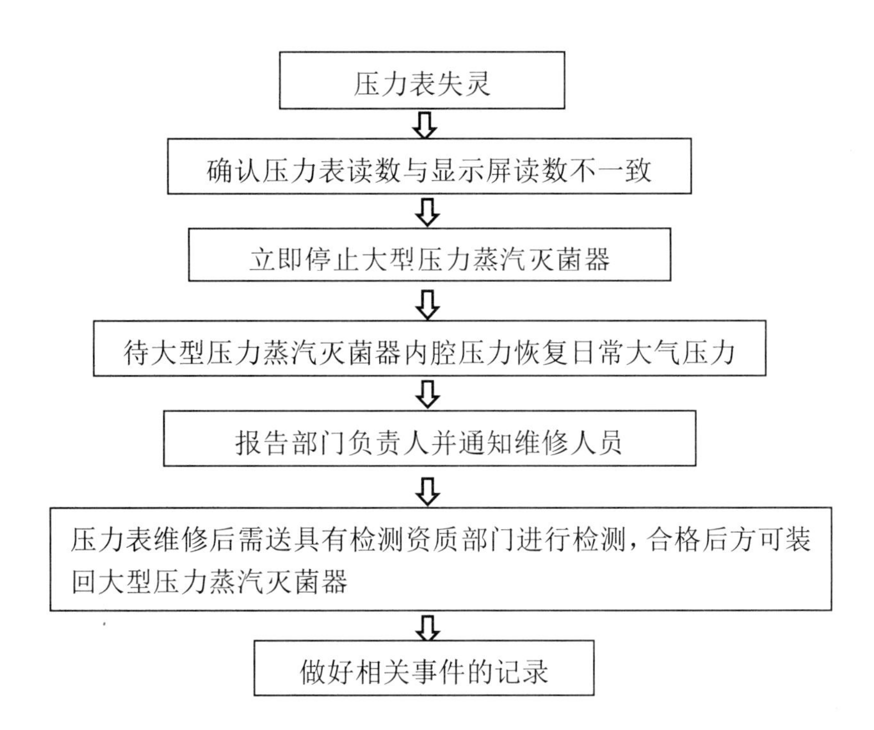

图 3.11　压力表失灵应急流程

10. 大型压力蒸汽灭菌器爆炸应急预案

（1）快速准确评估危害。

（2）及时上报医院保卫部和相关职能部门，医院根据具体情况上报 119 消防中心和 120 急救中心。

（3）确保自身安全的情况下关闭电源和蒸汽源。

（4）组织人员从安全出口撤离现场。

（5）协助抢救工作和重要物资转移。

（6）通知相关部门到现场查找事故原因。

（7）进行事故分析和总结。

（8）做好相关事件的记录

大型压力蒸汽灭菌器爆炸应急流程如图 3.12 所示。

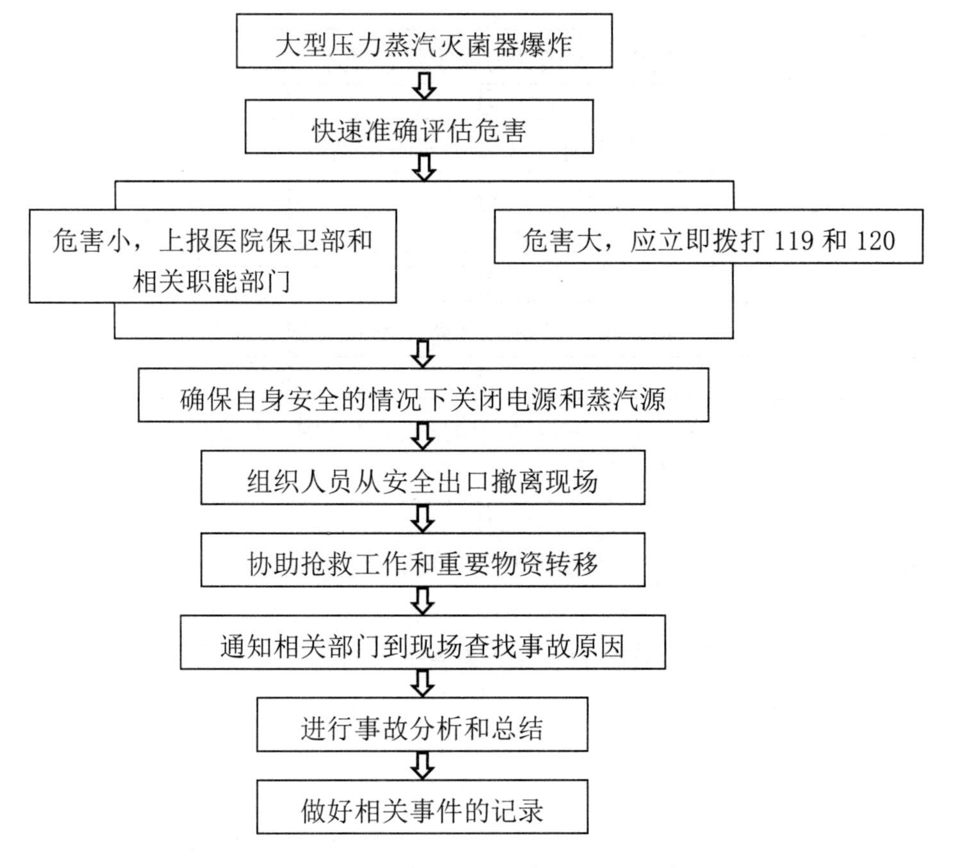

图 3.12　大型压力蒸汽灭菌器爆炸应急流程

五、大型压力蒸汽灭菌器应急管理的注意事项

（1）医疗机构和使用部门应建立健全蒸汽灭菌设备（特种设备）管理组织体系，明确其责任、权利，保障蒸汽火菌设备（特种设备）安全、可靠运行。

（2）特种设备操作人员必须持特种设备操作证。

（3）特种设备使用单位应当制订事故应急专项预案，并定期进行事故应急演练逐步提高操作人员安全生产意识和应急处理能力。

（4）加强对特种设备操作人员进行定期培训和考核。

（5）加强对特种设备操作人员队伍的建设，使其适应现代化管理模式的需要。

（6）特种设备使用单位不得使用未取得生产许可单位生产的特种设备或者非承压锅炉、非压力容器作为承压锅炉、压力容器的设备。

（7）建立特种设备使用应急档案管理。

第五节　大型压力蒸汽灭菌器的校验

一、大型压力蒸汽灭菌器的计量校准及验证

（一）大型压力蒸汽灭菌器的计量校准

大型压力蒸汽灭菌器主要用于耐热、耐湿诊疗器械、器具和物品的灭菌，是利用高温蒸汽杀死微生物的原理而设计的。通过灭菌前将灭菌容器内室的冷空气排除，以高温蒸汽作为灭菌介质，在一定温度、压力和时间的组合作用下，实现对可被蒸汽穿透的物品进行穿透及加热。利用蒸汽冷凝释放出大量潜热，使被灭菌物品处于高温、高湿、高压的状态，经过设定的恒温时间，微生物的蛋白质及核酸发生变性，最终达到对物品进行灭菌的目的。大型压力蒸汽灭菌器是物品灭菌的关键设备，在医疗机构广泛使用，应用较为广泛的灭菌设备主要包括下排气式、脉动真空等类型。根据蒸汽供给方式，大型压力蒸汽灭菌器可分为自带蒸汽发生器和外接蒸汽两种类型；根据排除冷空气的方式和程度不同，分为下排气式压力蒸汽灭菌器和大型预真空压力蒸汽灭菌器；根据门结构的不同，可分为单门蒸汽灭菌器和双门蒸汽灭菌器。

大型压力蒸汽灭菌器的灭菌工艺一般包括准备、脉动、升温、灭菌、排汽、干燥、冷却、结束等过程，脉动真空压力蒸汽灭菌器灭菌周期过程如图 3.13 所示。

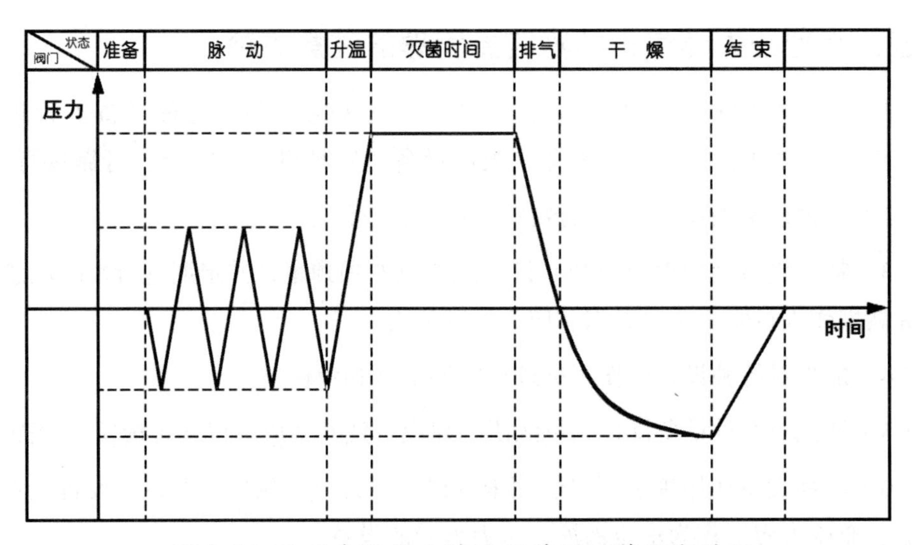

图 3.13 脉动真空压力蒸汽灭菌器灭菌周期过程

1. 适用范围

适用于可以装载一个或多个灭菌单元、容积大于 60 L 的大型压力蒸汽灭菌设备温度、压力、时间参数的校准。

2. 相关术语

（1）灭菌（Sterilization）：用以杀灭产品中活的微生物并使其达到规定存活概率的处理过程。

（2）灭菌温度（Sterilization temperature）：灭菌效能评价依据的最低温度。

（3）参考测量点（Reference measurement point）：灭菌室内排水口附近的温度传感器位置。

（4）平衡时间（Equilibration time）：从参考测量点实测温度达到灭菌温度开始，到负载的各部分测量点实测温度都达到灭菌温度的时间间隔。

（5）维持时间（Holding time）：灭菌室内参考测量点及负载各部分的实测温度连续保持在灭菌温度带内的时间（也称为保持时间）。

（6）灭菌温度带（Sterilization temperature band）：灭菌温度到灭菌过程最高允许温度的范围。

（7）灭菌温度范围（Sterilization temperature range）：在维持时间内，大型压力蒸汽灭菌器各测量点实测最低温度到最高温度的范围。

（8）温度均匀度（Temperature uniformity）：在维持时间内，大型压力蒸汽灭菌器各测量点某一瞬间任意两个测量点实测温度之间的最大差值。

（9）灭菌单元（Sterilization module）：标准体积[①]的灭菌负载。

（10）可用空间（Usable space）：灭菌室内不受固定部件限制，可以放置灭菌负载的有效空间。

（11）灭菌压力（Sterilization pressure）：对应于灭菌温度的饱和蒸汽压力。

3. 计量特性

大型压力蒸汽灭菌器温度、压力、时间参数的技术要求见表 3.6。典型灭菌曲线如图 3.14 所示。

表 3.6　大型压力蒸汽灭菌器温度、压力、时间参数的技术要求

校准项目	技术要求		
灭菌温度范围	下限为灭菌温度，上限不超过灭菌温度 +3 ℃。		
温度均匀度	≤ 2.0 ℃		
平衡时间	灭菌室容积不大于 800 L 的，平衡时间不超过 15 s；大于 800 L 的，平衡时间不超过 30 s		
维持时间	灭菌温度 121 ℃	灭菌温度 126 ℃	灭菌温度 134 ℃
	不小于 15 min	不小于 10 min	不小于 3 min
灭菌压力	灭菌温度 121 ℃	灭菌温度 126 ℃	灭菌温度 134 ℃
	102.8 ～ 122.9 kPa	184.4 ～ 210.7 kPa	201.7 ～ 229.3 kPa

注：以上所有指标不是用于合格性判别，仅供参考。

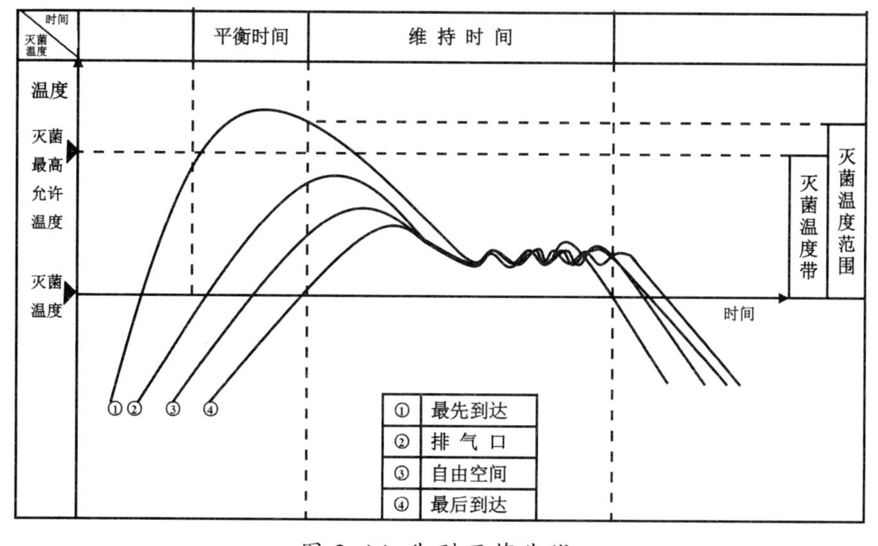

图 3.14 典型灭菌曲线

① 标准体积为 600 mm（长度）×300 mm（宽度）×300 mm（高度）的长方体。

4. 校准应满足的条件

1）环境条件

温度：15 ℃ ~ 35 ℃；相对湿度：不大于 85%；气压：70 ~ 106 kPa。

设备周围应无强烈振动及腐蚀性气体存在，应避免其他冷、热源影响。实际校准工作中，如大型压力蒸汽灭菌器不能在上述条件下进行校准时，只要环境条件满足测量标准正常使用和被校设备正常工作即可进行校准。

2）负载条件

校准是在小负载下进行的，小负载为标准测试包。根据大型压力蒸汽灭菌器使用方需要或实际情况也可以在其他负载条件下进行，但应说明负载的情况。

3）测量标准及其他设备

（1）温度测量标准：通常采用无线温度记录器、大型压力蒸汽灭菌器温场测量系统等作为温度测量标准，传感器数量不少于 7 个，采样频率应不小于 1 个读数 / 秒。

（2）压力测量标准：通常采用无线压力或温度压力记录器，传感器数量不少于 1 个，采样频率应不小于 1 个读数 / 秒。

（3）技术指标要求：温度、压力记录器的数量应满足校准布点要求，各通道宜采用同种型号的温度、压力传感器。测量标准技术指标见表 3.7。

表 3.7　测量标准技术指标

序号	名称	测量范围	技术要求
1	温度测量标准	(0 ～ 150) ℃	分辨力：不低于 0.01 ℃ 最大允许误差：±0.1 ℃
2	压力测量标准	0 ～ 400 kPa	分辨力：不低于 0.1 kPa 最大允许误差：±1 kPa
3	时间测量标准	—	采用温度记录器的记录时间作为大型压力蒸汽灭菌器时间测量标准 分辨力：不低于 1 s 最大允许误差：±1 s / h

（4）校准时可选用表 3.7 所列的测量标准，也可以选用不确定度符合要求的其他测量标准。

（5）标准测试包：

①标准测试包用于测试大型压力蒸汽灭菌器达到灭菌程序设定值时，蒸汽能快

速均匀穿透测试包。标准测试包可用于B–D测试、小负载测试，可与其他材料一起组成满负载。标准测试包可以反复使用，当满足图3.15中（b）和（c）要求时，还可以用于连续检测，应考虑影响清洁时间间隔的环境因素以及清洁方法。

②标准测试包应由漂白纯棉布单组成。尺寸大约为900 mm×1200 mm，经纱应为（30±6）支/cm，纬纱应为（27±5）支/cm，每平方米的质量应为（185±5）g，无折边。无论新的或脏的棉布单，都应进行清洗，并应避免加任何织物清洗剂。因为织物清洗剂会影响织物的性质，并可能含有会导致产生非冷凝气体的挥发物。

③标准测试包在温度为20 ℃～30 ℃，相对湿度为40%～60%的环境中进行干燥，稳定后才能使用。

④标准测试包应按照图3.15的规定进行折叠和组装。

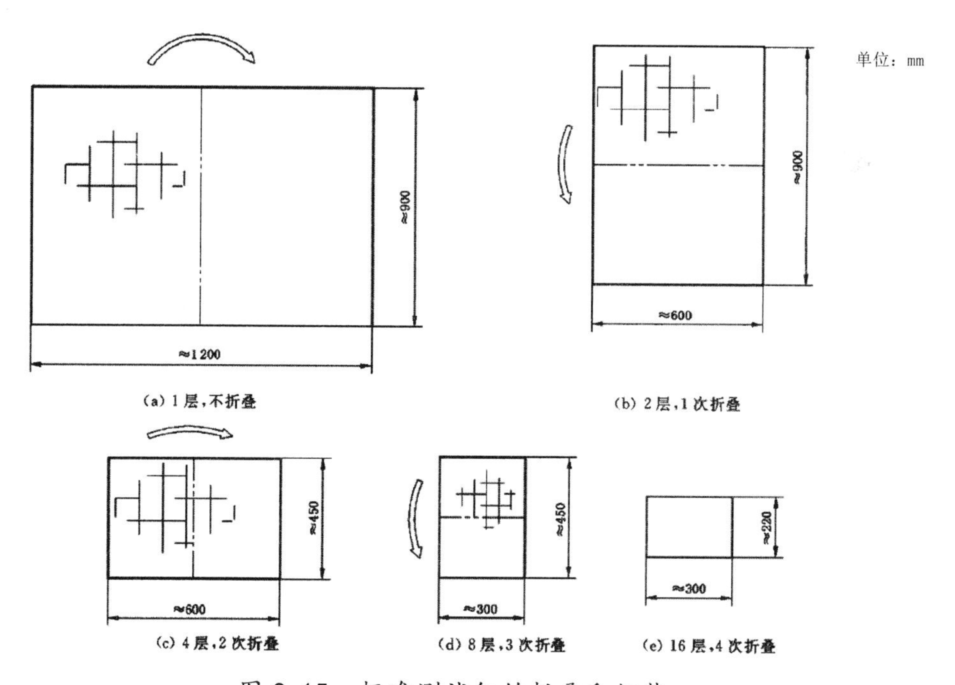

图3.15 标准测试包的折叠和组装

⑤布单应叠成大约220 mm×300 mm，用手压好之后，摞成高度大约250 mm。标准测试包应采用相似的包布进行包裹，并用宽度不超过25 mm的扎带进行紧固。标准测试包的总质量应为（7±0.14）kg（大约需要30张布单）。标准测试包在测试周期结束后，应从大型压力蒸汽灭菌器中取出，并进行通风后方可继续使用。需要注意的是，使用后的标准测试包将被压缩，如果250 mm厚的标准测试包质量超过7.14 kg，标准测试包就不能再使用了。

⑥测试包可用不同材料制成，大小和质量也可不同，只要能与标准测试包有相同的效果。

5. 校准项目和校准方法

1）校准项目

校准项目包括外观检查、灭菌温度范围、温度均匀性、 灭菌压力、平衡时间和维持时间。大型压力蒸汽灭菌器按照设定灭菌工艺，在标准测试包负载条件下进行校准。

2）外观检查

大型压力蒸汽灭菌器的外形结构应完好，标识清晰，应标明设备的名称、型号、规格、制造商、出厂编号、制造年月等；大型压力蒸汽灭菌器装载附件表面不得有凹陷和毛刺等缺陷。灭菌室的可用空间应能放置一个或多个灭菌单元；大型压力蒸汽灭菌器的温度表与压力表如果是数字的，显示值应清晰、无叠字，不应有不亮、缺笔划等现象；大型压力蒸汽灭菌器的温度表与压力表如果是指针式的，刻度应清晰，不影响读数；大型压力蒸汽灭菌器的密封胶圈应无断裂和损坏现象，应在密封槽内。

3）校准方法

（1）测量点位置和数量：传感器布放位置为大型压力蒸汽灭菌器校准的测量点，温度传感器数量为 7 个，用数字 1、2、3、4、5、6、7 表示，压力传感器数量为 1 个，用数字 8 表示。

7 个温度传感器，其中 5 个传感器放在标准测试包中（位置 1、2、3、4、6），1 个放置于标准测试包上表面 50 mm 的垂直中心处（位置 7），另 1 个放置于参考测量点（位置 5），压力传感器放置于温度参考测量点或附近位置（位置 8），如图 3.16 中所示。传感器布放完成后应将标准测试包重新包装为原有模式。

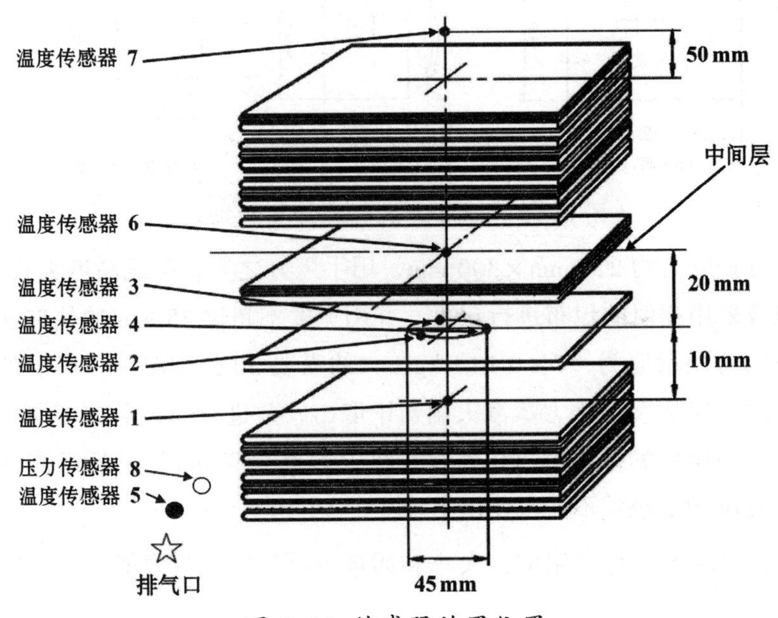

图 3.16 传感器放置位置

（2）测试包位置：将布放好传感器的标准测试包放置在大型压力蒸汽灭菌器装载车下部的中间位置；对于只能处理 1 个灭菌单元的大型压力蒸汽灭菌器，将测试包放置在灭菌室底部水平面上。

（3）温度参数校准：设定温度记录器、压力或温度压力记录器采样时间间隔，采样时间间隔为 1 个 / 秒，自动记录各测量点的温度值。将完成布放传感器的标准测试包按要求放入大型压力蒸汽灭菌器腔体内，开机运行灭菌程序。观察并记录灭菌过程各个阶段的时间、温度、压力参数，灭菌阶段应每 30 s 记录大型压力蒸汽灭菌器的温度、压力显示或指示值，其他阶段可参考大型压力蒸汽灭菌器打印机打印的温度、压力和时间参数。

（4）压力参数校准：大型压力蒸汽灭菌器压力参数校准与温度参数校准同时进行。压力记录器设置完成后在校准环境中至少保持（2 ~ 3）min，以自动测量得到环境大气压力值 P_0。在大型压力蒸汽灭菌器工作过程中，监测大型压力蒸汽灭菌器压力表的变化情况，确定压力表是否工作正常。

（5）时间参数校准：大型压力蒸汽灭菌器时间参数校准与温度参数校准同时进行。通过各通道温度记录器记录是否达到灭菌温度，计算灭菌过程的平衡时间和维持时间并给出结果。

4）数据处理

（1）灭菌温度范围

$$t_r=t_{min}\sim t_{max}$$

式中，t_r——灭菌温度范围，℃；

t_{max}——灭菌维持时间内各测量点测得的最高温度，℃；

t_{min}——灭菌维持时间内各测量点测得的最低温度，℃。

需要注意的是，灭菌温度范围数据处理不包含 7 号温度传感器测量点进入平衡时间 60 s 内的实测值。

（2）温度均匀度

大型压力蒸汽灭菌器在维持时间内，各测量点某一瞬间任意两个测量点温度之间的最大差值为温度均匀度校准结果。

$$\Delta t_u=\max(t_{i,max}-t_{i,min})$$

式中，Δt_u——温度均匀度，℃；

$t_{i,max}$——灭菌维持时间内各测量点在第 i 次测得的最高温度，℃；

$t_{i,min}$——灭菌维持时间内各测量点在第 i 次测得的最低温度，℃。

（3）灭菌压力

$$P_s=\frac{1}{n}\sum_{j=1}^{n}P_{s_j}-P_0$$

式中，P_s——灭菌压力，MPa 或 kPa；

P_{s_j}——实测压力，MPa 或 kPa；

P_0——实测大气压力，MPa 或 kPa；

n——测量次数。

（4）平衡时间

$$\Delta t_e=t_2-t_1$$

式中，Δt_e——平衡时间，s；

t_2——参考温度测量点实测温度达到灭菌温度的时刻，s；

t_1——温度测量标准全部测量点实测温度达到灭菌温度的时刻，s。

（5）维持时间

$$\Delta t_h=t_3-t_2$$

式中，Δt_h——维持时间，s；

t_3——温度测量标准任一测量点实测温度低于灭菌温度的时刻，s。

t_2——温度测量标准全部测量点实测温度达到灭菌温度的时刻，s。

6. 校准周期的建议

根据《中华人民共和国计量法》第九条关于除强制检定计量器具以外的其他工作计量器具使用单位应当自行定期检定的规定，建议复校间隔时间为一年，使用特别频繁时应适当缩短复校间隔时间。凡在使用过程中经过修理、更换重要器件等的一般需要重新校准。由于复校间隔时间的长短是由大型压力蒸汽灭菌器的使用情况、使用者、仪器本身质量等因素所决定，因此，使用方可根据实际使用情况确定复校时间间隔。

（二）大型压力蒸汽灭菌器的验证

1. 验证的意义

对大型压力蒸汽灭菌器进行科学、合理、有效的验证，是使灭菌能达到预期效果的基本保证，如何对灭菌设备进行验证以及采用的验证方法和灭菌程序，对灭菌效果和实验结果都至关重要。

2. 国内外大型压力蒸汽灭菌器的验证标准介绍

1）世界卫生组织 GMP、中国《药品生产验证指南》

世界卫生组织发布的 GMP 将验证定义为一个文件证明过程，其证明任何程序、生产过程、设备、物料或活动确实能一致地导致预期的结果。世界卫生组织 GMP 将验证分为事前验证、事后验证和同步验证。灭菌过程的效能显然不能通过事后检查或测试产物的方法得到证实，需要在使用前进行验证，即事前的验证，周期性地监视设备的性能，保障按照预定程序操作的灭菌设备能满足用户的需求，以达到好的灭菌效果。

《药品生产验证指南》关于湿热灭菌设备验证中温度检测要求如下：

①仪表校准：温度传感器误差≤ ±0.5 ℃，时间计时器误差≤ ±1%。

②校准过程：至少 10 个测点，3 次空载舱室内温度分布测量各点间的温度差不超过 ±1.0 ℃（热分布的要求）。

③再验证：定期再验证、改变性再验证。

2）欧洲标准 EN 554：1994（关于高温蒸汽灭菌设备）

①对传感器检定的要求。

用于验证和日常控制、指示、记录的仪器都要被检定。验证用的仪器可以用来校准、检定设备上用于控制、指示、记录的仪器，用于校准的仪器的准确度应该是被校准的仪器的 1/3。

②性能合格测试技术要求和方法。

测试应该对新的、改进的产品、包装、装载类型、维护后的设备、调整的过程参数进行，除非有等效或已有参考装载的验证证明。

测量空舱室热分布，温度传感器数量足够给出分布图，建议 12 只 /m^3。每个装载类型的包装或参考测试包都做热穿透测试，温度传感器放置在测试包中心，测试包要放置在舱室中最冷的地方，温度传感器的数量不少于空舱热分布测试，其中至少有一个传感器放置在设备控制、指示、记录温度计附近。至少 3 次测试以检查重复性。

测试合格的参数要求：灭菌维持时间内，温度测量值在灭菌温度带内（不低于灭菌温度，不超过灭菌温度 +3℃）。

灭菌温度带，温度测量值波动度不超过 ±1.0 ℃；温度波动度，任何两个点温度测量值之差不超过 2 ℃；温度均匀度，对于舱室容积小于 800 L 的，平衡时间不超过 15 s，舱室容积大于 800 L 的，平衡时间不超过 30 s。

③定期再验证。

3）英国标准 HTM 2010

该标准与 EN 554：1994 比较有以下几个特点：

①HTM 2010 内容更全，要求更细致，内容也更多适用于多孔装载高温蒸汽灭菌设备，处理密闭容器中液体的高温蒸汽灭菌设备，处理无包装器械的高温蒸发灭菌设备，干热灭菌设备。

②有更明确的操作方法规定。

③有明确的灭菌设备日常、周期检查内容。

④对采样频率有明确规定，在维持时间内有 180 个读数。

⑤对测试包的大小、装载内容和质量也有明确规定。

3. 常用验证方法介绍

目前，大型压力蒸汽灭菌器效果验证一般采用化学、生物及物理验证方法。

1）化学验证方法

化学验证方法是指利用化学指示剂在一定温度、作用时间与饱和蒸汽适当结合的条件下受热变色的特点，用于间接指示灭菌效果或灭菌过程的验证方法。通常依据变色来判定灭菌是否合格，若灭菌后化学指示卡指示色达到或深于标准色，则表示符合灭菌条件。化学验证方法操作简单，只能显示最终结果，无法评价灭菌工艺过程及灭菌程序，灭菌温度、灭菌时间是否符合要求都不可知。

2）生物验证方法

生物验证方法是使用有菌片、自含式生物指示剂和快速生物指示剂等生物指示剂放入压力蒸气灭菌器中，经过规定的大型压力蒸汽灭菌器周期后取出培养，检测培养后的结果。

3）物理验证方法

物理验证方法是通过无线温度压力记录器监测高温蒸汽灭菌器中的温度压力等参数，间接验证高温蒸汽灭菌器灭菌效果的一种方法。近年来，由于温度压力记录器等逐渐发展成熟，物理验证方法由于其操作便捷，结果准确等特点逐渐成为一种常规的验证手段。物理验证一般采用温度传感器、压力传感器等，将其布置在灭菌设备的腔体内，在灭菌过程中进行温度、压力等物理参数的检测。通过验证设备灭菌过程中温度、压力随时间的变化情况来评价灭菌效果，并与高温蒸汽灭菌器的温度、压力显示仪表进行比较，以给出综合评价结果。物理验证方法能够记录灭菌器内任意位置的温度压力变化，重现整个灭菌过程，便于分析和查找问题，因此越来越受到人们的重视。物理验证方法可以清晰地再现蒸汽灭菌过程的温度压力变化，能够准确地监测高温蒸汽灭菌器的温度准确性、均匀性及波动性，对标准负载包内温度的测量可以反应蒸汽的穿透性能，通过压力和温度测试结果的相互印证可以反应蒸汽的饱和程度。物理参数的验证可以较为全面的评价高温蒸汽灭菌器的技术性能。

欧盟标准EN 554:1994、英国标准HTM 2010 、ISO标准13683和ISO标准14937，皆将物理参数的检测放在非常重要的位置，高温蒸汽灭菌设备验证主要依赖于物理检测结果。其中以温度时间关系、测量点温度波动、分布、不同测量点相互间的温度差和温度均匀性、维持时间、蒸汽饱和度检查等技术指标作为参数放行的依据。高温蒸汽灭菌设备应采用欧盟标准或采用物理验证的方法进行有效验证，评估灭菌设备的技术性能。应采用空载、小负载和满负载对设备连续运行的情况进行验证。通过物理验证，可以找到设备使用中存在的不足和问题，进行改进和调整，包括灭菌程序的设计和选择、灭菌温度和时间的调整、灭菌装载的方式等，针对不同的灭菌物品选择合适、优化、科学的灭菌程序，快速和有效地达到灭菌效果，做到节能和高效。

二、大型压力蒸汽灭菌器配套安全附件的检定和校验

（一）压力表的计量检定

压力表主要用于液体、气体与蒸汽的压力测量。在大型压力蒸汽灭菌器上是用于蒸汽的压力测量。

压力表的工作原理是利用弹性敏感元件（如弹簧管）在压力作用下产生弹性形变，其形变量的大小与作用的压力成一定的线性关系，通过传动结构放大形变量，由指针在分度盘上指示出被测的压力。压力表按弹性敏感元件不同，可分为弹簧管式、膜盒式、膜片式和波纹管式等。在大型压力蒸汽灭菌器上一般选用弹簧管式压力表。

1. 适用范围

适用弹性元件式一般压力表、压力真空表（以下简称压力表）的首次检定、后续检定和使用中检查。

2. 相关术语

（1）压力表（Pressure gauge）：以大气压力为基准，用于测量正压力的仪表。

（2）压力真空表（Compound pressure gauge）：以大气压力为基准，用于测量正压力和负压力的仪表。

（3）一般压力表（General pressuer gauge）：精确度等级不超过1.0级的压力表。

（4）轻敲位移 （Distance after tapping）：在输入压力不变的情况下，仪表所显示的被测量经轻敲仪表外壳以后的变化量。

（5）回差（Hysteresis error）：在测量范围内，当输入压力上升或下降时，仪表在同一测量点的两个相应的输出值间轻敲后示值的最大差值。

（6）计量单位：压力表使用的法定计量单位为Pa（帕斯卡），或是它的十进制倍数单位：kPa、MPa。

3. 通用技术要求

1）外形结构

压力表应装配牢固、无松动现象；压力表的可见部分应无明显的瑕疵、划伤，连接件应无明显的毛刺和损伤。

2）标志

压力表应有产品名称、计量单位和数字、出厂编号、生产年份、测量范围、准确度等级、制造商名称或商标、制造计量器具许可证标志及编号等。

3）指示装置

压力表表面玻璃应无色透明，不得有妨碍读数的缺陷或损伤；压力表分度盘应平整光洁，数字及各标志应清晰可辨；压力表指针指示端应能覆盖最短分度线长度的1/3 ~ 2/3；压力表指针指示端的宽度应不大于分度线的宽度。

4）测量范围（上限和正常量限）

测量范围的上限应符合以下系列中之一：（1.0×10^n，1.6×10^n，2.5×10^n，4.0×10^n，6.0×10^n）Pa、kPa或MPa（n为整数）。

5）分度值

分度值应符合以下系列中之一：（1×10^n，2×10^n，5×10^n）Pa、kPa或MPa（n为整数）。

4. 计量性能要求

1）准确度等级及最大允许误差

一般情况下，大型压力蒸汽灭菌器根据实际情况，设备配置准确度等级为1.6（2.5）级的压力表，表3.8为上述等级压力表的最大允许误差。

表 3.8　压力表技术要求

准确度等级（级）	最大允许误差 /%			
	零位		测量上限的 90% ～ 100%	其余部分
	带止销的	不带止销的		
1.6（2.5）	1.6	±1.6	±2.5	±1.6

注：压力表最大允许误差应按其量程百分比计算。

2）零位误差

①带有止销的压力表，在通大气的条件下，指针应紧靠止销，“缩格”应不超过表 3.8 规定的最大允许误差绝对值。

②没有止销的压力表，在通大气的条件下，指针应位于零位标志内，零位标志宽度应不超过表 3.8 规定的最大允许误差绝对值的 2 倍。

3）示值误差

大型压力蒸汽灭菌器压力表的示值误差应不超过表 3.8 所规定的最大允许误差。

4）回程误差

大型压力蒸汽灭菌器压力表的回程误差应不大于最大允许误差的绝对值。

5）轻敲位移

轻敲表壳前与轻敲表壳后，压力表的示值变动量应不大于最大允许误差绝对值的 1/2。

6）指针偏转平稳性

在测量范围内，指针偏转应平稳，无跳动或卡针现象。

5. 检定条件

（1）标准器：精密压力表（标准器最大允许误差绝对值应不大于被检压力表最大允许误差绝对值的 1/4）。

（2）其他仪器和辅助设备：压力（真空）校验器；油 – 气、油 – 水隔离器。

（3）环境条件：

①检定温度 :（20 ± 5）℃。

②相对湿度 : 不超过 85%。

③环境压力 : 大气压力。

仪表在检定前应在以上规定的环境条件下至少静置 2 h。

（4）检定用的工作介质：工作介质为清洁的空气或无毒、无害和化学性能稳定的气体。

6. 检定项目和检定方法

计量器具控制包括首次检定、后续检定和使用中检查。

1）外观

目测、手感。

2）零位误差检定

在规定的环境条件下，将压力表内腔与大气相通，并按正常工作位置放置，用目力观察。零位误差检定应在示值误差检定前后各做一次。

3）示值误差检定

①压力表的示值检定是采用标准器（精密压力表）示值与被检压力表的示值直接比较的方法，压力表示值检定连接示意图如图 3.17 所示。

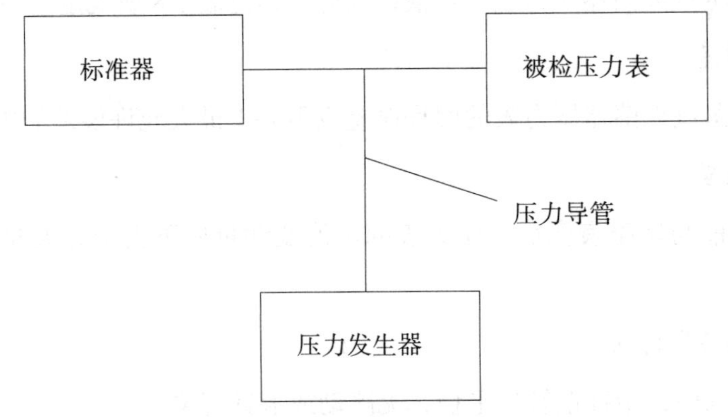

图 3.17　压力表示值检定连接示意图

②示值误差检定点应按标有数字的分度线选取。

③检定时，从零点开始均匀缓慢地加压至第一个检定点［即标准器（精密压力表）的示值］，然后读取被检压力表的示值（按分度值 1/5 估读），接着用手指轻敲一下压力表外壳，再读取被检压力表的示值并进行记录，轻敲前、后被检压力表示值与精密压力表示值之差即为该检定点的示值误差；如此依次在所选取的检定点进行检定直至测量上限，切断压力源，耐压 3 min 后，再依次逐点进行降压检定直至零位。

④压力真空表真空部分的示值误差检定：当压力测量上限为（0.3 ~ 2.4）MPa 时，疏空时指针应能指向真空方向；当压力测量上限为 0.15 MPa 时，真空部分检定两个

点的示值误差；当压力测量上限为 0.06 MPa 时，真空部分检定三个点的示值误差。

⑤数据处理

$$\delta_{被} = P_{被} - P_{标}$$

式中，$\delta_{被}$表示被检表的示值误差；

$P_{被}$表示检定点上被检表示值；

$P_{标}$表示精密压力表产生的压力值（被检点压力的名义值）。

4）回程误差检定

回程误差的检定是在示值误差检定时进行，同一检定点升压、降压时分别轻敲表壳后被检压力表示值之差的绝对值即为压力表的回程误差。

5）轻敲位移检定

轻敲位移检定是在示值误差检定时进行，同一检定点轻敲压力表外壳前与轻敲压力表外壳后指针位移变化所引起的示值变动量即为压力表的轻敲位移数。

6）指针偏转平稳性检查

在示值误差检定的过程中，目力观测指针的偏转情况。

7. 检定周期

压力表的检定周期可根据使用环境及使用频繁程度确定，一般不超过 6 个月。

（二）安全阀的校验

安全阀是一种自动阀门，它不借助任何外力而利用介质压力产生的作用力来排出一额定数量的气体，以防止压力超过额定的安全值。当压力恢复正常后，阀门自行关闭并阻止介质继续流出。用于大型压力蒸汽灭菌器的安全阀，应为弹簧直接载荷式。

1. 适用范围

适用于大型压力蒸汽灭菌器安全阀（以下简称安全阀）的定期校验。

2. 相关术语

（1）弹簧直接载荷式安全阀（Spring loaded safety valve）：一种仅靠直接的机械加载装置如重锤、杠杆加重锤或弹簧来克服由阀瓣下介质压力所产生作用力的安全阀。

（2）压力释放装置（Pressure relief device）：一种用来在压力容器处于紧急或异常状况时防止其内部介质压力升高到超过预定最高压力的装置。

（3）整定压力（Set pressure）：安全阀在运行条件下开始的预定压力，是在阀门进口处测量的表压力。在该压力下，在规定的运行条件下由介质压力产生的使阀门开启的力与阀瓣保持在阀座上的力相互平衡。

（4）整定压力偏差（Setting the pressure deviation）：安全阀多次开启，其整定压力的偏差值。

（5）排放压力（Relieving pressure）：整定压力加超过压力。

（6）超过压力（overpressure）：超过安全阀整定压力的压力增量，通常用整定压力的百分数表示。

（7）回座压力（Reseating pressure）：安全阀排放后其阀瓣重新与阀座接触，及开启高度变为零时的进口静压力。

（8）启闭压差（Blowdown of a safety valve）：整定压力与回座压力之差。通常用整定压力的百分数来表示；当整定压力小于 0.3 MPa 时，则以 MPa 为单位表示。

（9）密封试验压力（Seal test pressure）：进行密封试验时的进口压力，在该压力下测量通过阀瓣与阀座密封面间的泄漏率。

（10）开启高度（lift）：阀瓣离开关闭位置的实际升程。

（11）计量单位：安全阀使用的法定计量单位为 Pa（帕斯卡），或是它的十进制倍数单位 :kPa、MPa。

3. 校验特性

（1）外观：安全阀外表无腐蚀情况；安全阀外部相关附件完整无损并且正常。

（2）标志：安全阀铭牌应有如下标志 : 制造厂名（或商标）和出厂日期；产品名称、型号和制造编号；公称通径和流通直径（或流道面积）；公称压力和整定压力；超过压力（或排放压力）；开启高度；极限工作温度；表明基准流体（蒸汽用 S 表示）的额定排量系数或额定排量；背压力。

（3）校验范围：安全阀的校验范围为（0.1~40）MPa。

4. 校验性能要求

（1）安全阀整定压力极限偏差：当安全阀整定压力小于或等于 0.5 MPa 时，整定压力极限偏差为 ±0.015 MPa。

（2）安全阀排放压力：安全阀的排放压力小于或等于 1.03 MPa 整定压力。

（3）启闭压差：当安全阀整定压力小于或等于 0.4 MPa 时，启闭压差小于或等于 0.04 MPa。

（4）密封性：安全阀的密封试验压力比整定压力低 0.03 MPa。

（5）开启高度：安全阀的开启高度，全启式为大于或等于流通直径的 1/4，微启式为流通直径的 1/40～1/20，中启式为流通直径的 1/20~1/4。

（6）密封试验介质：安全阀的密封试验介质为饱和蒸汽或洁净空气。

5. 校验器具控制

1）校验周期

校验器具控制为定期检定。

2）校验条件

①标准器：校验装置能够满足安全阀设计参数和校验要求；校验装置所采用的测量仪表和设备，符合国家现行法规规定的计量要求，测量仪表和设备的测量范围与精度应当根据被测量数值及允许误差进行选择，测量仪表和设备应当定期进行检定；校验装置的压力测量仪表的误差不大于仪表量程的 0.5%，被测压力在仪表量程的 1/3～2/3 范围内，测压点位置能够保证测得的是介质静压力；测量安全阀开启高度的仪表分辨率不低于 0.02 mm。

②环境条件：校验温度，（20 ± 5）℃；相对湿度不超过 85%；环境压力为大气压力。

③校验用的工作介质：工作介质为饱和蒸汽或洁净空气。

6. 校验项目和校验方法

1）整定压力的校验

①校验在专用的试验台上进行。

②升高压力释放装置进口压力。当压力达到预期整定压力的 90% 以后，升压速率应不超过 0.01 MPa/s，或者为任何一个对精确读取压力所必要的更低速率。观察并记录装置的整定压力以及其他相关的特性值。

③校验至少要连续进行 3 次，所测出的数值偏差不超过整定压力的 ±3% 或者相关安全技术规范的规定。

④在试验台上进行校验时，需要考虑到背压及温度影响的修正。

2）排放压力、开启高度、启闭压差的校验

校验完整定压力后，继续升高装置进口压力装置达到并保持在排放状态，同时观察装置的动作，记录排放压力和开启高度。然后逐渐降低进口压力直到装置关闭，同时观察装置的动作并记录回座压力，整定压力和回座压力的差即为启闭压差。

3）密封压力校验

①安全阀在整定压力校验完成后进行安全阀瓣与阀座间的密封校验。

②在进行密封校验前应先证实整定压力，在降低进口压力后用适当的方法（如用空气吹干等）完全排去腔体内可能存在的冷凝液，将进口压力升高到密封校验压力并至少保持 3 min，在黑色背景下目视检查阀口的密封性并至少持续 1 min。

7. 校验周期

1）安全阀定期校验

一般每年至少一次，安全技术规范有相应规定的校验应按照其规定；经解体、修理或更换部件的安全阀，应当重新进行校验。

2）校验周期的延长

当符合以下基本条件时，安全阀校验周期可以适当延长，延长期限符合相应安全技术规范的规定。

①有清晰的历史记录，能够说明被保护设备安全阀的可靠使用。

②被保护设备的运行工艺条件稳定。

③安全阀内件材料没有被腐蚀。

④安全阀在线检查和在线检测均符合使用要求。

⑤有完善的应急预案。

对需要长周期连续运转时间超过 1 年以上的设备，可以根据同类设备的实际使用情况和设备制造质量的可靠性以及生产操作采取的安全可靠措施等条件，并且符合本规程要求，可以适当延长安全阀校验周期。

三、大型压力蒸汽灭菌器锅体（固定式压力容器）的校验

（一）概要

查阅制造商提供的锅炉压力容器安全监察机构登记注册的产品铭牌和产品质量证明书，目力观测和操作检查，应符合以下要求。

（1）压力容器应符合《特种设备安全监察条例》（国务院令第 373 号）《固定式压力容器安全技术监察规程》（TSG 21—2016）和《压力容器》（GB/T 150—2011）中的相关规定。

（2）联锁装置

大型压力蒸汽灭菌器的门应装有安全联锁装置，并应符合以下规定：

①大型压力蒸汽灭菌器的门应装有安全联锁装置，大型压力蒸汽灭菌器在正常工作条件下，当大型压力蒸汽灭菌器的门未锁紧时，蒸汽不能进入灭菌室内。

②大型压力蒸汽灭菌器的门应保证灭菌室内压力已被完全释放才能打开，否则大型压力蒸汽灭菌器的门应不能被打开。

③应具备与①②动作同步的报警功能。

（3）灭菌室门的密封件应可更换，应可以检查和消洁密封件以及其与灭菌室门接触的表面，而无需拆除灭菌室门的结构。

（4）灭菌室门关闭后，在未进行灭菌周期的情况下应可再次打开。

（5）在灭菌周期的进行过程中应不能打开大型压力蒸汽灭菌器的门。

（二）双门蒸汽灭菌器的校验

实际操作检查，应符合以下的要求。

（1）除非是维护的需要，不能同时打开两个门。

（2）在未显示灭菌周期结束之前，不能打开卸载侧门。

（3）B-D 测试、空腔负载测试和真空泄漏测试程序结束后，不能打开卸载侧门。

（4）用于控制启动灭菌周期的装置应安装于双门蒸汽灭菌器的装载侧。

（三）测试连接器的校验

在实际操作和使用通用量具检查时，测试连接器的校验内容如下。

1. 压力连接器

在灭菌室或直接连接灭菌室的管路上应有如图 3.18 所示的压力测试连接器。该连接器应有标记 PT （压力测试）和帽盖，并用“O”型密封圈或密封平垫进行有效密封。

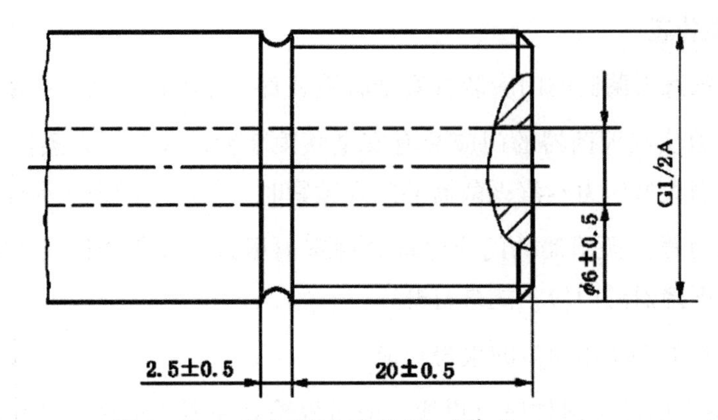

图 3.18 压力测试连接器（单位：mm）

2. 温度连接器

应提供如图 3.19 所示的温度测试连接器，连接器应装在易于维护的位置，便于温度传感器软线穿过，且能连接到所有的温度测试点。该连接器应有标记 TT（温度测试）和帽盖，并用“O”型密封圈或密封平垫进行有效密封，同时安装隔热及机械减震软垫。

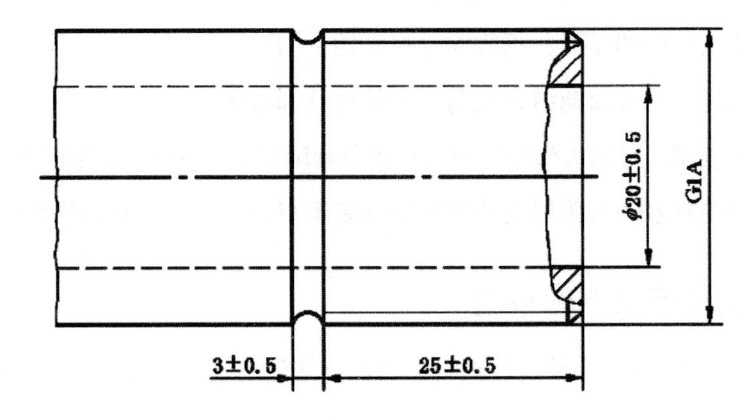

图 3.19 温度测试连接器（单位：mm）

3. 仪器

测试用的带密封栓的三通和接头应配套安装，以便连接测试仪器，对所有连接到灭菌室和夹套上的压力仪表进行校准。

1）仪表

大型压力蒸汽灭菌器应至少含有以下仪表：

①灭菌室温度指示器。

②灭菌室温度记录仪器。

③灭菌室压力指示器。

④灭菌室压力记录仪器。

⑤夹套压力指示器（若大型压力蒸汽灭菌器有夹套结构）。

⑥若使用内置蒸汽发生器，应有蒸汽压力表。

值得注意的是，除 GB 4793.4—2019 中的相关要求外，①③⑤⑥可以整合到同一系统显示，其显示的内容可由用户选择；②④可以结合在一起。

2）双门蒸汽灭菌器

双门蒸汽灭菌器的两端应至少包括以下指示和指示信号：

①灭菌室的压力指示。

②有可见指示信号，表明“门已锁定”。

③有可见指示信号，表明“周期进行中”。

④有可见指示信号，表明“周期完成”。

⑤有可见指示信号，表明“故障”。

（四）隔热材料的校验

按制造商提供的技术说明书及文件规定的要求，对大型压力蒸汽灭菌器的隔热材料进行检查，应符合以下的要求。

除非隔热材料会影响大型压力蒸汽灭菌器的运转及其操作，否则，压力容器的外表面都应是隔热的，以尽量减少热量的散发。

需要注意的是，必要时应对大型压力蒸汽灭菌器在环境温度为（23 ± 2）℃条件下进行试验，用数字温度计测量隔热材料外表面的温度。

第六节　灭菌介质的质量控制

一、蒸汽质量对灭菌效果的意义

非冷凝气体含量、干燥度及过热度为蒸汽质量的关键指标，对蒸汽灭菌效果有直接的影响。图 3.20 为水、蒸汽温度及其热能变化。

由图 3.20 可知，在标准大气压条件下，将水从 0 ℃加热到 100 ℃，需要约 420 kJ 热量；而将 100 ℃的水加热到 100 ℃的水蒸汽，则需要约 2250 kJ 热量。虽然在这两者之间看不到温度变化，但实际上 100 ℃水蒸汽具有的热能比 100 ℃的水高很多。当蒸汽遇到被灭菌的物品冷表面时，蒸汽立即冷却凝结成水珠，水由汽、液态之间的转变会释放出储存在蒸汽中的热能，从而促使物品快速升温，最终达到灭菌温度。蒸汽的温度越高，所储存的热能相应地越大，这就是湿热蒸汽杀菌能力比 100 ℃的热水杀菌能力强的原因所在。

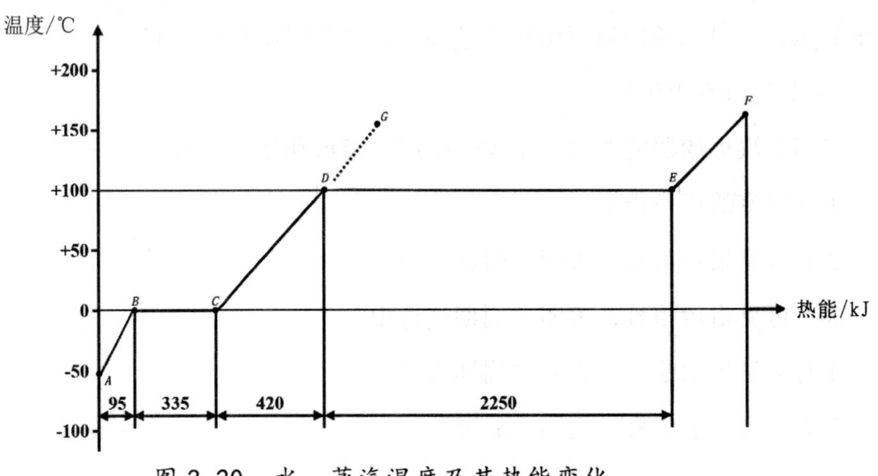

图 3. 20　水、蒸汽温度及其热能变化

（一）术语

（1）非冷凝气体（Noncondensable gas）：在蒸汽灭菌条件下不会凝结的空气及其他气体。

（2）过热蒸汽（Superheated steam）：温度高于相应压力条件下水的沸点的水蒸汽。

（3）饱和蒸汽（Saturated steam）：处于冷凝和汽化平衡状态的水蒸汽。

（二）尽量去除压力蒸汽灭菌器中非冷凝气体的原因

在压力蒸汽灭菌过程中，热交换主要是通过热传导完成的。一般热传导效果是：金属 > 非金属 > 气体。其中空气是良好的绝热体，空气的传热热阻是水的 30 倍，钢的 1500 ~ 3000 倍，铜的 8000 ~ 16000 倍，这就表示 1 mm 厚的空气层约相当于 3 m 厚的不锈钢，16 m 厚的铜产生的热阻。假如有非冷凝气体（主要是空气）残留在压力蒸汽灭菌器当中，一方面非冷凝气体会在待灭菌物品上面形成绝热层，阻止蒸汽接触到物品表面（影响蒸汽的穿透性）；另一方面非冷凝气体占有一定分压，破坏饱和蒸汽温度与压力之间的关系，从而影响灭菌效果。

（三）控制蒸汽干燥度的原因

湿热蒸汽灭菌时，水分子的存在有助于破坏维持蛋白质三维结构的氢键和其他相互作用的弱键，更易使蛋白质变性。蛋白质含水量与其凝固温度成反比，蛋白质含水量愈大，发生凝固所需的温度愈低。因此，含有适当水分的蒸汽，更容易使微生物蛋白质变性，达到灭菌的效果。

（四）过热蒸汽比饱和蒸汽杀菌能力弱的原因

（1）过热蒸汽穿透力差。

（2）过热蒸汽相当于干热灭菌，灭菌效果差。

（3）过热蒸汽释放潜伏热的时间长，所以过热蒸汽易造成灭菌失败。

二、饱和蒸汽质量关键参数及其测量

饱和蒸汽质量的关键参数主要有：非冷凝气体含量、蒸汽干燥度、蒸汽过热度和供给水及冷凝蒸汽污染物含量。其中非冷凝气体含量、蒸汽干燥度、蒸汽过热度的测量要求至少进行 3 次以确保数据准确，以 3 次测量结果的平均值作为最终测量结果。饱和蒸汽质量的指标要求见表 3.9，冷凝蒸汽和供给水中的污染物指标要求见表 3.10。

表 3.9　饱和蒸汽质量的指标要求

项目	指标要求
非冷凝气体含量	≤ 3.5%（体积分数）
蒸汽干燥度	金属负载：≥ 0.95 其他负载：≥ 0.90
蒸汽过热度	≤ 25 ℃
冷凝蒸汽污染物	见表 3.10
供给水污染物	见表 3.10

表 3.10　冷凝蒸汽和供给水中的污染物指标要求

测定物	冷凝蒸汽污染物指标要求	供给水污染物指标要求
蒸发残留	—	≤ 10 mg/L
氧化硅（SiO_2）	≤ 0.1 mg/L	≤ 1 mg/L
铁	≤ 0.1 mg/L	≤ 0.2 mg/L
镉	≤ 0.005 mg/L	≤ 0.005 mg/L

续表 3.10

测定物	冷凝蒸汽污染物指标要求	供给水污染物指标要求
铅	≤ 0.05 mg/L	≤ 0.05 mg/L
除铁、镉、铅外的其他重金属	≤ 0.1 mg/L	≤ 0.1 mg/L
氯离子（Cl^-）	≤ 0.1 mg/L	≤ 2 mg/L
磷酸盐（P_2O_5）	≤ 0.1 mg/L	≤ 0.5 mg/L
电导率（25 ℃时）	≤ 3 μS/cm	≤ 5 μS/cm
pH（酸度）	5 ～ 7	5.0 ～ 7.5
外观	无色、干净、无沉淀	无色、干净、无沉淀
硬度（碱土金属离子的总量）	≤ 0.02 mmol/L	≤ 0.02 mmol/L

（一）非冷凝气体含量

在蒸汽质量测试中，非冷凝气体含量的测试用于证明包含在蒸汽中的非冷凝气体的水平，经验证在合理水平下的，不会影响灭菌器中各部位负载的灭菌效果。测试的目的在于证明可接受的蒸汽质量的规定，并非对蒸汽中非冷凝气体的实际含量的准确测量。即非冷凝气体含量应满足：在饱和蒸汽中，非冷凝气体的含量不超过3.5%（体积分数），且非冷凝气体含量不可大幅变化（非冷凝气体含量处于峰值，只需几秒钟就足以导致整个灭菌过程失效）。

1. 测量非冷凝气体含量的设备

测量非冷凝气体含量，主要包括以下测量设备。

（1）滴定管，容量为 50 mL，最小刻度为 1 mL。

（2）漏斗，具有平行的面，直径大约为 50 mm（额定）。

（3）容量为 2000 mL 的容器（额定），并有一条将容量限制在大约 1500 mL 的溢流管。

（4）取样管，“U”型，由外径为 6 mm（额定）的玻璃管和 75 mm（额定）的导出部分组成。

（5）小型针式阀，具有 1 mm（额定）节流孔和连接到蒸汽管和橡胶管取样管的合适配件。

（6）容量为 250 mL（额定）的带刻度的、最小刻度为 10 mL 的量筒。

（7）滴定管架。

（8）橡胶管，长（950 ± 50）mm，能自动排水并能连接取样管与针式阀。需要注意的是，硅胶管可渗透空气，因此不能使用。

（9）在 80 ℃时，温度测量系统的最大允许误差为 ±1 ℃。

2. 测量非冷凝气体含量的步骤

（1）非冷凝气体含量测试示意图如图 3.21 所示，将针式阀连接到蒸汽管。

（2）如图 3.21 所示，将测量装置连接好，并将其放在冷凝液可通过橡胶管自由排放的位置。

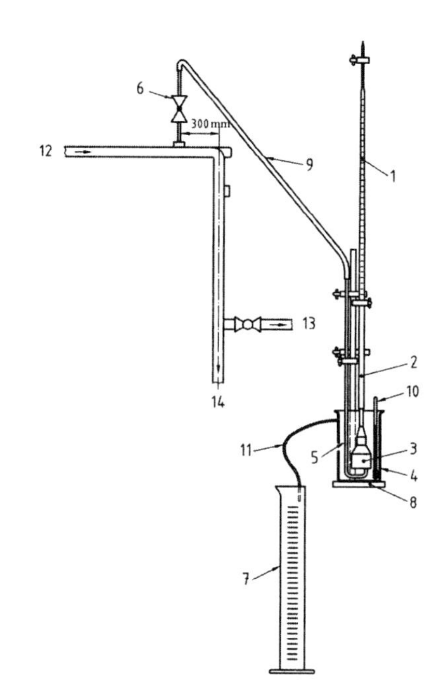

1——50 mL 滴定管；2——橡胶管；3——带平行边的漏斗；4——2000 mL 容器；5——蒸汽取样管；6——针阀；7——250 mL 量筒；8——滴定管架；9——橡胶管；10——温度测量装置；11——溢流管；12——蒸汽管道；13——通往大型压力蒸汽灭菌器；14——通往疏水阀

图 3.21　非冷凝气体含量测试示意图

（3）将容器注满冷除气水（煮沸 5 min 然后冷却的水），直到其经过溢水管流出。

（4）在滴定管内注满冷除气水，将它颠倒并放在容器内，保证没有空气进入滴定管内。

（5）蒸汽取样器在容器外面时，打开针式阀并将管内所有空气排出。将取样管放在容器内，并增加更多的冷除气水直到它通过溢流管排出。

（6）将带有刻度的量筒放在容器溢流口下，并将蒸汽取样管放在漏斗内。调整针式阀以允许连续的样品蒸汽进入漏斗，足量后会听见少量“汽锤”声。确保进入漏斗的蒸汽已被排尽，非冷凝气体在滴定管内被收集起来。

（7）第一次记录了“打开”位置后，关闭针式阀。

（8）将测试包放置于灭菌室可用空间的几何中心面上，距离基座 100 ~ 200 mm 之间。对于单模式的大型压力蒸汽灭菌器，灭菌方法应该改为将标准测试包放置在灭菌室基座上。

（9）开始一个灭菌周期，并保证带有刻度的量筒为空，及容器已注满水。蒸汽开始供应至灭菌室时，重新打开针式阀以允许样品蒸汽连续进入漏斗，足量后会听见少量“汽锤”声。

（10）允许样品蒸汽在漏斗凝结，非冷凝气体在滴定管的顶部升起。收集由冷凝物组成的溢流物和带刻度的量筒内被气体取代的水。当容器内水的温度在 70℃至 75℃之间时，关闭针式阀。记录从滴定管内排出的水量（V_b）及在带刻度的量筒内收集的水量（V_c）。应进行多次测试，以确定在蒸汽中的非冷凝气体的含量稳定。

（11）用百分比来计算非冷凝气体的含量如下：

$$\text{非冷凝气体的含量} = \frac{V_b}{V_c} \times 100\%$$

式中，V_b——从滴定管内排出的水量，mL；

V_c——带有刻度的量筒收集的水量，mL。

（12）测得的非冷凝气体的含量应符合表 3.9 中对非冷凝气体含量的规定。

（二）蒸汽干燥度

蒸汽灭菌要求连续供应适度干燥的饱和蒸汽。过量的湿气会导致负载潮湿，而过少的湿气则会在灭菌室中产生过热蒸汽，尤其在蒸汽膨胀进入灭菌室的时候。蒸汽中的湿气成分百分比的精确测量是困难的。传统的、要求蒸汽连续流动的方法，不适用于大型压力蒸汽灭菌器。该测试方法目的在于证明可接受的蒸汽质量的规定，并非对蒸汽中实际湿度的准确测量。

1. 测量蒸汽干燥度的设备

测量蒸汽干燥度，主要包括以下测量设备。

（1）皮托管，构造如图 3.22 所示，安装感应管的皮托管，其孔径必须与蒸汽管内的蒸汽压力相匹配。

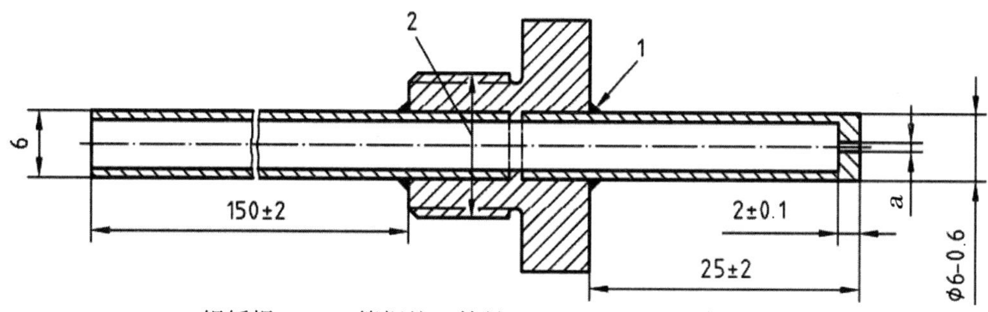

1——银钎焊；2——管螺纹，符号 GB/T 7307—2001 中 G1/4A 中要求

图 3.22　皮托管（单位：mm）

表 3.11　管孔尺寸

蒸汽压力 /MPa	孔径 a/mm
最高 0.3	0.80±0.02
最高 0.4	0.60±0.02
最高 0.7	0.40±0.02

注：表中数值仅供参考。当蒸汽压力超过给定范围时，可通过外推法确定管孔直径。

（2）1 L（额定容量）杜瓦真空瓶。

（3）格兰头，用于温度传感器插入蒸汽管时的密封。

（4）温度记录设备，具有从 0 ℃ 到 200 ℃ 的刻度范围，温度记录设备要求如下：

①温度记录设备应与本标准所述的记录测试中的测得指定地点温度的温度传感器一起使用，也可将它用于检查温度测试设备是否适用于压力蒸汽灭菌器。

②记录设备应可记录最少 7 个温度传感器测得的温度。信道可以为多路或各自独立。每个信道采样率可以为 1 s 或更少。所有样品数据可用于结果判定。

③类似设备的刻度范围应为 0 ℃ 至 150 ℃。较小的刻度间隔应不超过 1 ℃，绘图速度不小于 15 mm/min。分辨率不大于 0.5 ℃。

④数字化设备应登记和记录的增量不超过 0.1 ℃，刻度范围为 0 ℃ 至 150 ℃。

⑤在环境温度为（20 ± 3）℃ 时测试，0 ℃至 150 ℃ 之间的误差极限（不包括温度传感器）不应超过 ± 0.25%。

⑥因为环境温度改变而产生的额外的误差不应超过 0.04 ℃。

⑦应使用能溯源到国家标准或行业标准的工作或参考标准来展开校准。

⑧设备应根据制造商的使用指南来校准，校准应在灭菌温度范围内的温度来进

行验证。校准后，所有浸入已知温度 ±0.1℃ 范围内的温度源时测得的温度与在灭菌温度范围内测得的温度相比较，结果相差应不超过 0.5 ℃。

⑨当安装在使用的地方时，温度系统应通过一个独立的温度参考源在灭菌温度范围内的温度来进行验证。

⑩温度参考源应具有以下特征：

应包括一个参考标准能溯源到国家标准或行业标准，并具有 110 ℃ 至 140 ℃ 范围的标准温度计，最小的刻度间隔不应超过 0.2 ℃。

应包括一个口袋或容器，尺寸适合装至少 7 个温度传感器。口袋或容器内的温度梯度不应超过 0.2 ℃。在 110 ℃ 至 140 ℃ 范围，准确度控制在 ±0.1 ℃ 之内。

（5）两个温度传感器，其要求如下：

①温度传感器应用于测试中的指定位置的温度。温度传感器应是铂电阻并符合《工业铂热电阻技术条件及分度表》（JB/T 8622—1997）中 A 级要求，或者是热电偶并符合《热电偶》（GB/T 16839.2—1997）中 1 级公差表，且在水中的响应时间小于等于 0.5 s。另外，其他等效的传感器也可以使用。

②传感器任何部分及连接线的截面面积不得超过 3.1 mm^2。

③温度传感器的运行性能不应被其所放置的环境（如压力、蒸汽或真空）影响。

（6）装有两个外径直径为 6 mm 的管子，管子插入杜瓦真空瓶的长度分别为 25mm 和 150 mm。需要注意的是，由于硅胶塞可渗透空气，因此不能使用。

（7）能自动排水，长度为（450 ± 50）mm 的橡胶管，将皮托管的塞子和橡胶塞管上较长的部分连接起来。需要注意的是，由于硅胶管可渗透空气，因此不能使用。

（8）天平，能够称量最少 2 kg 的负载，精度最少为 ±0.1 g。

（9）标准测试包的要求如下：

①测试包用于测试设定处理变量的水平，可获得蒸汽快速进入或渗透入测试包。测试包可以用于 B-D 测试、小负载测试、空气探测器测试、织物的负载干燥度测试，也可以与其他材料一起使用形成满负载。

②测试包应由普通的棉布单组成，每张都应漂得雪白。尺寸大约为 900 mm × 120mm，每厘米经纱的数量应为（30 ± 6），每厘米纬纱的数量为（27 ± 5），质量要求为（185 ± 5）g/cm^2。

③当棉布单是新的或被弄脏，应对它进行清洗。清洗时，应避免加任何织物调节介质。因为织物调节介质会影响织物的性质，并可能含有会混入灭菌室内非冷凝气体的挥发物。

④布单可在温度 20 ℃ ~ 30 ℃，相对湿度为 40% ~ 60%的环境下干燥和晾干。

⑤测试包应按规定进行折叠和组装。

⑥通风后，布单应被折叠成大约 220 mm × 300 mm，并堆至大约 250 mm 高。用手压紧后，测试包应被捆绑成相似的结构并以带子加固，带子宽度不超过 25mm，测试包的总质量应为（7 ± 0.14）kg（约 30 个布单）。测试包在经过灭菌制程后，应从大型压力蒸汽灭菌器中移出，并置于温度 20 ℃ ~30 ℃，相对湿度为 40% ~ 60%的环境中并达到平衡，等待测试时使用。

需要注意的是，使用后，布单会被压紧。如果布单的折叠高度为 250 mm，质量超过 7.14 kg 就应丢弃。

⑦优先使用置于受控环境中的测试包，环境要求温度 20 ℃ ~30 ℃，相对湿度为 40% ~ 60%，温度和湿度由经过校验的温度湿度传感器测量。

此外，测试包的温湿度计应使用纸张湿度计。如果由不同材料、不同尺寸和重量组成的测试包可被使用，则要求测试包等效于如上所述测试包。

2. 测量蒸汽干燥度的步骤

蒸汽干燥度测量装置如图 3.23 所示。

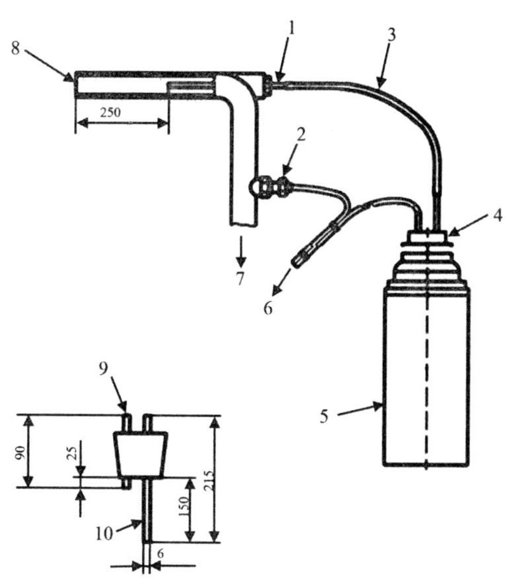

1——皮托管；2——温度传感器格兰头；3——橡胶管；4——橡胶塞组件；5——1 L 杜瓦真空瓶；
6——至温度测量装置；7——至大型压力蒸汽灭菌器；8——蒸汽辅助管；
9——热电偶和通风孔的橡胶管；10—采样管

图 3. 23　蒸汽干燥度测量装置（单位：mm）

（1）按照图 3.23 对非冷凝气体进行蒸汽质量测试。如果测试值不在规定的极限内，即不超过0.5%（体积分数），就应在开展测试前进行纠正。

（2）按照图3.23所示，在蒸汽辅助管内集中安装皮托管。

（3）将温度感应器的入口密封管安装到蒸汽辅助管，并将其中一个温度传感器放在管的额定轴线中心。

（4）将橡胶管连接到塞中较长的管并将塞子放在杜瓦真空瓶的瓶颈处。称整个组件并记录质量（m_e）。

（5）若灭菌器有若干个灭菌周期可供选择时，应选择灭菌温度为134 ℃的织物灭菌周期。

（6）灭菌室为空时，展开灭菌周期。

（7）将塞和管组件打开并将不超过27 ℃的水（650 ± 50）mL放在杜瓦真空瓶内。然后复位，称整个组件并记录质量（m_s）。

（8）支撑靠近皮托管连接点的杜瓦真空瓶，并且这个地方要避免过热和过多的气流。

（9）将标准测试包放在灭菌室内。

（10）通过塞内较短的管将第二个温度传感器导入杜瓦真空瓶。

（11）注明杜瓦真空瓶内液体的温度（T_1）。

（12）展开一个灭菌周期，在连接到灭菌室的蒸气阀开始打开时，将橡胶管贴在皮托管的连接点上，保证冷凝物自由排放至杜瓦真空瓶。

（13）标明蒸汽的温度（T_3）。

（14）如果杜瓦真空瓶内水的温度大约是80 ℃，断开橡胶管与皮托管的连接。搅动烧瓶，使瓶内所含物质充分混和，然后记录液体的温度（T_2）。

（15）秤出连同水、冷凝物、塞和管的杜瓦真空瓶的全部物质（m_f）。

（16）通过等式计算蒸汽的干燥度。

$$D=\frac{(T_1-T_2)\left[C_{pw}(m_s-m_e)+A\right]}{L(m_f-m_s)}-\frac{(T_3-T_2)C_{pw}}{L}$$

式中，L——以每千克千焦耳为单位，在温度T_3时的干燥饱和蒸汽的潜在热度；

m_e——杜瓦真空瓶、塞、管的质量，kg；

m_s——杜瓦真空瓶、注入水、塞、管的质量，kg；

m_f——杜瓦真空瓶、注入水、冷凝物、塞、管的质量，kg；

T_1——杜瓦真空瓶中的水的最初的温度，℃；

T_2——杜瓦真空瓶中水和冷凝物最终的温度，℃；

T_3——输送到压力蒸汽灭菌器的干饱和蒸汽的温度，℃；

C_{pw}——水的具体比热容，取 4.18 kJ/（kg・℃）；

D——蒸汽的干燥度值；

A——设备的有效热容量 0.24 kJ/（kg・℃）。

（17）蒸汽干燥度检查结果应符合表 3.12 的技术要求：

表 3.12　蒸汽干燥度技术要求

负载类型	干燥度极限
金属负载	≥ 0.95
其他负载	≥ 0.90

（三）蒸汽过热度

蒸汽过热度测试是用于证明从蒸汽辅助管中提供的蒸汽的湿度足够防止蒸汽在膨胀进入灭菌室时变得过热。下面的测试方法是采用少量的样品，不断从蒸汽辅助管的中央取出。通过这种方法确定的过热水平不能看作管内蒸汽质量的真实情况。因为沿着内部表面流动的冷凝物没有被收集起来。然而，设计用来分离游离冷凝物的装置与蒸汽输送系统连起来直到灭菌室，这种方法确定的过热水平代表高峰期可能在灭菌室生效的灭菌条件。

1. 测量蒸汽过热度的设备

测量蒸汽过热度，主要包括以下测量设备。

（1）皮托管，构造如图 3.22 所示，额定孔径为 1 mm。

（2）膨胀管，如图 3.24 所示。

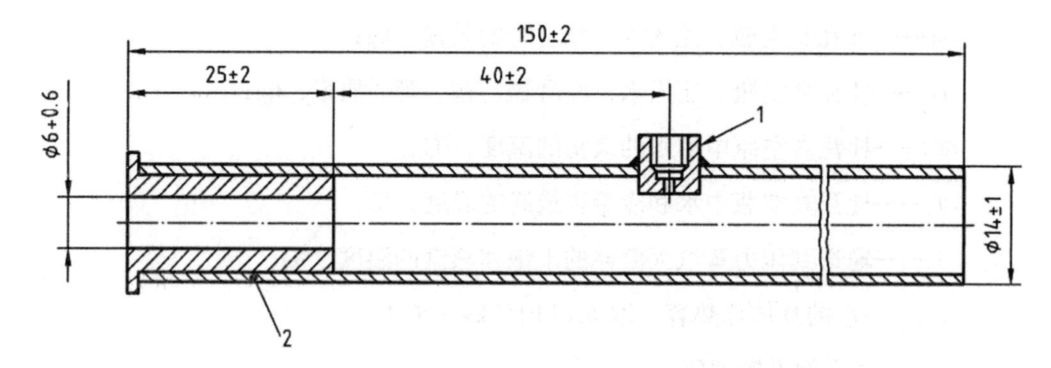

1——适合温度传感器用的密封定位装置；2——尼龙管套

图 3.24 膨胀管（单位：mm）

（3）150 mm 长（额定）的直径 15 mm 保温套。

（4）温度记录设备应符合要求。

（5）2 个温度传感器应符合要求。

（6）格兰头，一个将温度传感器插入蒸汽管需要的配件。而且为了减少稳定传感器与密封处的热传递，绝缘是必要的。

（7）满负载织物，其要求如下：

①测试负载设计来体现灭菌器能处理最大织物质量，并用于说明在程序变量设定后灭菌水平：蒸汽快速平稳地渗透入负载中心的情况，并达到灭菌条件。

②满负载应包含的折叠布单。标准测试包应符合要求。

③每张布单材质应为棉纤维，并且每单位面积的质量大约是 200 g/cm^2。当布单为新或被弄脏时要进行清洗，并应避免加入任何织物调节介质。

④在环境温度为 20℃ ~ 30℃，相对湿度为 40% ~ 60%条件下，布单应干燥然后晾干 1 h。需要注意的是，如果布单通风或储存的环境比规定的干燥，可能会使测试包发生错误的放热并再水合。

⑤晾干后，应将布单折叠并将一块铺在另一块的上方，形成一摞，质量为（7.5 ± 0.5）kg。

⑥标准测试包应被放置在灭菌室内制造商指定为最难灭菌的位置。剩余的可用空间可以放置棉布单，并放在与灭菌单元尺寸类似的筐子里，或者直接松散地放在灭菌室中。

⑦测试负载的织物质量应相当于每个灭菌单元（7.5 ± 0.5）kg。

2. 测量蒸汽过热度的步骤

蒸汽过热测量装置如图 3.25 所示。

（1）如图 3.25 所示，将皮托管装在蒸汽辅助管的中央。

（2）将温度传感器装到蒸汽辅助管，并将其中一个温度传感器放在蒸汽辅助管的轴中间位，如图 3.25 所示。

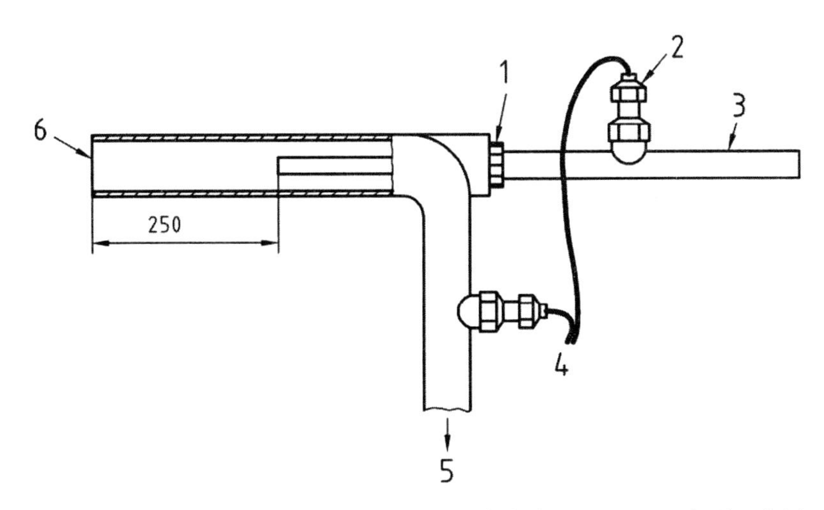

1——皮托管；2——温度传感器配件；3——膨胀管；4——至温度测量装置；
5——至大型压力蒸汽灭菌器；6——蒸汽辅助管

图 3.25　蒸汽过热测量装置（单位：mm）

（3）通过所提供的格兰头，将第二个温度传感器放在膨胀管的水平轴中间位。

（4）将保温套围绕膨胀管粘贴并将膨胀管套入皮托管。

（5）将温度传感器连接到温度记录设备。

（6）灭菌室为空时，展开灭菌周期。

（7）将满负载的织物放在可用的空间，并在 5 min 内展开进一步的灭菌周期。

（8）在灭菌周期结束时检查温度记录。

①是否符合过热要求：当供应的蒸汽膨胀到常压时，根据过热测试，过热不应超过 25 ℃。

②证实蒸汽辅助管的测得温度与蒸汽质量干燥测试时测得的温度相差不超过 3 ℃。

需要注意的是，温度是一个参数，通过它可获得连续周期之间的蒸汽压力变化。较高的温度差会导致蒸汽中湿气含量的操作出现问题。

（四）蒸汽冷凝污染物含量

大型压力蒸汽灭菌器供给水的品质，对灭菌蒸汽的质量有决定性的作用。而且若蒸汽内含有超量的污染物，则对被灭菌的医疗器械以及灭菌器设备本身都有伤害。

因此，合格的供给水和蒸汽对灭菌流程至关重要。

1. 测量蒸汽冷凝污染物含量的设备

测量蒸汽冷凝污染物含量，主要包括以下测量设备。

（1）皮托管构造如图 3.22 所示，依据压力孔径选择合适的孔径，用它从蒸汽辅助管中提取蒸汽。

（2）长（5000 ± 50）mm 的聚丙烯管，且其孔径为（6 ± 1）mm。

（3）两个带刻度的聚丙烯瓶，每个都有 250 mL 的额定容量。

（4）最少具有 8 L 容量的容器。

（5）大约 1 kg 的冰。

（6）可用于加固聚丙烯管到皮托管的夹具或连接器。

（7）一片适合质量及尺寸的金属，用其固定住容器内的聚丙烯管盘。

（8）少量的一定浓度的盐酸。

2. 测量蒸汽冷凝污染物含量的步骤

蒸汽冷凝物取样装置如图 3.26 所示。

（1）如图 3.23 和图 3.26 所示，将皮托管安装入蒸汽辅助管。

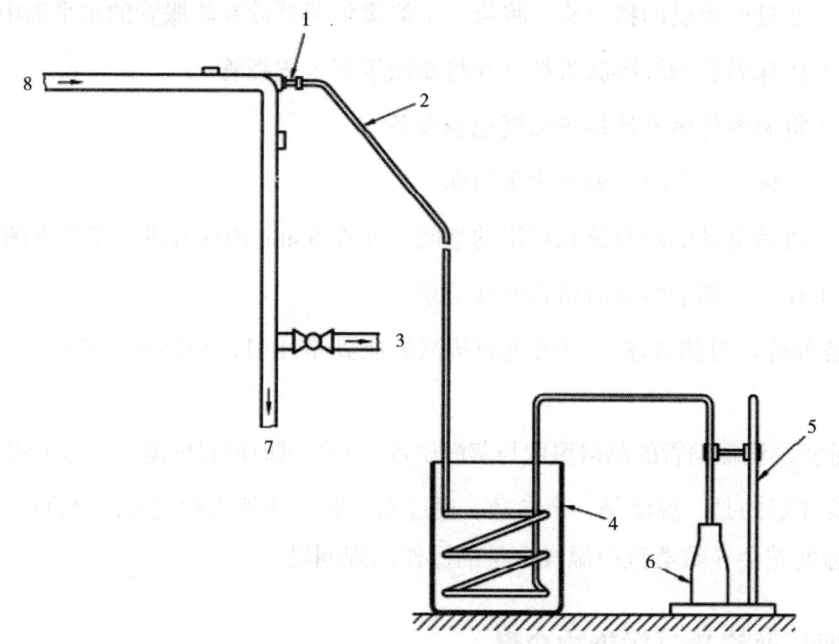

1——皮托管；2——聚丙烯管；3——至大型压力蒸汽灭菌器；4——8000 mL 容器；5——滴定管支架；6——250 mL 聚丙烯瓶；7——至疏水装置；8——蒸汽辅助管

图 3.26 蒸汽冷凝物取样装置

（2）使用夹具来固定聚丙烯管到皮托管的连接。

（3）打开蒸汽辅助管的阀，通过聚丙烯管释放蒸汽冷凝物至少 5 min，注意保证冷凝物自由排放。

（4）关闭蒸汽辅助管的阀，清洁并冲洗聚丙烯管的内部和两个聚丙烯瓶，然后使之干燥。

（5）安装滴定管，其中一支如图 3.26 所示。

（6）将聚丙烯管的一部分盘绕至足够数量的圈数，以确保蒸汽能冷凝，将之放在容器内并通过金属的重量保持盘卷状态。

（7）将足够的水和冰注入容器把聚丙烯管浸没。

（8）打开蒸汽辅助管的阀。

（9）允许至少 50 mL 的蒸汽冷凝物作为废水排放，然后在第一个聚丙烯瓶的第一格刻度收集 250 mL（额定）。

（10）密封聚丙烯瓶。

（11）加入一定浓度的盐酸至第二个聚丙烯瓶，使之 HCL 浓度为 0.1 mol/L，然后收集 250 mL 的冷凝物，需要封瓶并在瓶上标记“作金属元素溯源分析”。

（12）分析结果应符合要求。

（五）纯蒸汽

纯蒸汽是纯化水进入蒸汽发生器加热产生的蒸汽，分离除去了微粒杂质。若蒸汽内含有杂质，在灭菌过程中其会沉积在被灭菌物品上，将会污染灭菌物品。因此，灭菌过程需保证灭菌蒸汽的洁净度，确保无菌、无热原和无微粒，满足表 3.9 的规定。

三、蒸汽质量要求

蒸汽质量与温度、压力和时间参数一样，都是蒸汽灭菌的重要影响因素，其在很大程度决定了灭菌效果的好坏、灭菌物品是否会被污染以及灭菌器本身的寿命。蒸汽质量可以定义为用于灭菌的蒸汽的可测量的物理参数，包括非冷凝气体含量、蒸汽干燥度、蒸汽过热度和供给水及冷凝蒸汽中污染物含量。对蒸汽质量的测试不是对蒸汽中实际含量值的测试，而是在于验证是否符合可接受的蒸汽质量的规定。

第七节　检测结果的意义

一、大型压力蒸汽灭菌器使用中须知的标准值

（一）灭菌用水

灭菌设备用水根据情况可分为蒸汽发生器用水、设备运行真空泵用水以及冷却用水。

（1）蒸汽发生器用水：为了保障蒸汽质量以及保护蒸汽发生设备电气元件，应使用电导率不超过 5 μS/cm（25 ℃时）的纯水。此类型的纯水具有以下几个优点。

①不会对器械造成二次污染，反之，蒸汽质量差将可能引起器械包“黄包”“白斑”等现象发生。

②降低器械生锈概率，若碳元素含量、铁元素含量过高就容易造成器械锈蚀。

③用水电导率低，表示杂质少，有效的降低了蒸汽发生器等产汽设备水垢的生成，减少其加热管、配件电器元件的损伤。

（2）设备运行真空泵用水以及设备冷却用水：通常为自来水，水压宜控制在（0.15 ~ 0.30）MPa。

（二）灭菌用电

大型压力蒸汽灭菌器用电分为两种。一种是 AC380V 三相动力电源，用于大型压力蒸汽灭菌器真空泵、电加热管、蒸汽发生器等部件的供电；另一种为 DC24V 控制用电电源，用于大型压力蒸汽灭菌器电磁阀门的控制。

（三）压缩空气

压缩空气由空气压缩机产生，实现对灭菌器气动阀（包括设备进水、进气阀门）的开 / 关，其压力通常为（0.6 ~ 0.8）MPa。

（四）蒸汽气源压力

蒸汽气源压力是指大型压力蒸汽灭菌器外部供应的蒸汽压力，其压力通常为（0.3 ~ 0.5）MPa。外部蒸汽源压力应高于大型压力蒸汽灭菌器的使用压力，其压力、温度越高，蒸汽饱和度越高，从而最大限度地降低湿包等情况的出现。

（五）灭菌包的体积

（1）下排气式大型压力蒸汽灭菌器的灭菌包体积不宜超过 300 mm × 300 mm × 250 mm。

（2）大型预真空压力蒸汽灭菌器的灭菌包体积不宜超过 300mm × 300mm × 500mm。

（3）敷料包质量不宜超过 5 kg，器械包质量不宜超过 7 kg。

（六）灭菌温度

（1）下排气式大型压力蒸汽灭菌器灭菌温度通常为 121 ℃。

（2）大型预真空压力蒸汽灭菌器灭菌温度通常为（132 ～ 134）℃。

（3）实际灭菌温度应在灭菌温度带以内，即不低于灭菌温度下限，且不超过灭菌温度上限 +3 ℃。

（七）灭菌压力

（1）下排气式大型压力蒸汽灭菌器运行达到温度 121 ℃ 时，灭菌压力为 102.8 ~ 122.9 kPa。

（2）大型预真空压力蒸汽灭菌器运行达到温度 132 ℃ 时，灭菌压力为 184.4 ~ 210.7 kPa。

（3）大型预真空压力蒸汽灭菌器运行达到温度 134 ℃ 时，灭菌压力为 210.7 ~ 229.3 kPa。

（八）灭菌时间

（1）下排气式大型压力蒸汽灭菌器：敷料灭菌时间不低于 30 min，器械灭菌时间不低于 20 min。

（2）大型预真空压力蒸汽灭菌器：器械、敷料灭菌时间不低于 4 min。

（3）B-D 试验灭菌时间不超过 3.5 min。

二、检测结果对蒸汽灭菌器使用方的计量确认

（一）温度参数

根据《大型蒸汽灭菌器技术要求　自动控制型》（GB 8599—2008）和《医用热力灭菌设备温度计校准规范》（JJF 1308—2011）对大型蒸汽灭菌器使用方温度参数

进行计量确认，具体要求如下。

1.《大型蒸汽灭菌器技术要求　自动控制型》（GB 8599—2008）对灭菌室的温度及温度指示仪表的要求

（1）温度基本参数：

灭菌工作温度：115 ℃ ~ 138 ℃。

（2）灭菌室的温度指示仪表应满足以下需求：

①数字式或模拟式。

②数值范围包含 50 ℃ ~ 150 ℃。

③在 50 ℃ ~ 150 ℃的数值范围内精度至少为 ±1%。

④对于模拟式，温度的刻度分度值不大于 2 ℃。

⑤对于数字式，其分辨率为 0.1 ℃或更好。

⑥在测量灭菌温度时，精度至少为 0.5 ℃。

⑦周围环境温度的误差补偿不超过 0.04 ℃ / ℃。

⑧在不拆分仪表的情况下，使用权限控制工具可进行现场调节。

（3）对于灭菌温度分别为 121 ℃、126 ℃、134 ℃的蒸汽灭菌器小负载和满负载温度试验应符合以下要求：

①灭菌温度范围下限为灭菌温度，上限应不超过灭菌温度 +3 ℃。

②在灭菌时间内：在标准测试包上方测量比在灭菌室参考测量点测得的温度在 60 s 后应不超过 2 ℃。

③在维持时间内：大型蒸汽灭菌器温度应在灭菌温度范围内。灭菌室参考测量点测得的温度、标准测试包中作一测试点的温度，以及根据灭菌室压力计算所得的对应饷蒸汽温度应符合同一时刻各点之间的差值应不超过 2 ℃。

2.《医用热力灭菌设备温度计校准规范》（JJF 1308—2011）对大型蒸汽灭菌器温度指示仪表的要求

（1）大型蒸汽灭菌器被校准温度计计量特性：

①被校准温度计使用范围：室温至 150 ℃。

②被校准温度计示值误差：±0.5 ℃。

③温度波动度：±1 ℃。

④温度分布均匀性：≤ 2 ℃。

⑤灭菌温度带：≤ 3 ℃。

（2）校准负载条件及测量标准

①负载条件：在空载条件下校准。

②所使用的参考温度计应满足不破坏灭菌设备及其正常运行条件（如不能破坏设备密封性能）的要求。

③工作温度范围应满足校准所需温度范围；分辨力优于 0.1 ℃；校准结果修正后的扩展不确定度（k=2）优于 0.15 ℃；校准周期内稳定性优于 ±0.15 ℃。

（3）灭菌室的温度指示仪表依据《医用热力灭菌设备温度计校准规范》（JJF 1308）对温度指示仪表的计量性能进行校准。

（二）压力参数

根据《大型蒸汽灭菌器技术要求　自动控制型》（GB 8599—2008）和《弹性元件式一般压力表、压力真空表和真空表检定规程》（JJG 52—2013）对大型蒸汽灭菌器使用方压力参数进行计量确认，具体要求如下。

1.《大型蒸汽灭菌器技术要求　自动控制型》（GB 8599—2008）对灭菌室压力及压力指示仪表的要求

（1）压力基本参数

额定工作压力不大于 0.25 MPa。

（2）灭菌室的压力指示仪表应满足以下要求：

①压力表应符合《固定式压力容器安全技术监察规程》（TSG 21—2016）第 160 条的规定。

②压力式或模拟式。

③压力单位为 kPa 或 MPa。

④数值范围包含 0 ~ 400 kPa 或 -100 ~ 300 kPa，在绝对真空或大气压力状态下的压力指示为 0。

⑤在 0 ~ 400 kPa 或 -100 ~ 300 kPa 的数值范围内精度至少为 ±1.6%。

⑥对于模拟式仪表，刻度分度不大于 20 kPa。

⑦数据式仪表的分辨率为 1 kPa 或更好。

⑧在测量工作压力时，精度至少为 ±5 kPa。

⑨在 0 ~ 400 kPa 或 -100 ~ 300 kPa 的数值范围内，周围环境温度的误差补偿

不超过 0.04 % / ℃。

⑩在不拆分仪表的情况下，使用权限控制工具可进行现场调节。

2. 灭菌室压力指示仪表

依据《弹性元件式一般压力表、压力真空表和真空表检定规程》（JJG 52—2013）对仪表的计量性能进行检定，根据各项检定结果判定该压力指示仪表合格或不合格的结论。

（三）时间参数

根据《大型蒸汽灭菌器技术要求　自动控制型》（GB 8599—2008）和《时间间隔测量仪检定规程》（JJG 238—2018）对大型蒸汽灭菌器使用方时间参数进行计量确认，具体要求如下。

（1）《大型蒸汽灭菌器技术要求自动控制型》（GB 8599—2008）对大型蒸汽灭菌器灭菌时间及时间指示器的要求如下。

①时间指示器：根据应用需要，分度为小时（h）、分钟（min）和秒（s）；误差不超过 ±1%。

②对于灭菌温度分别为 121 ℃、126 ℃和 134 ℃的大型蒸汽灭菌器，灭菌温度维持时间应分别不小于 15 min、10 min 和 3 min。

（2）大型蒸汽灭菌器时间指示器依据《时间间隔测量仪检定规程》（JJG 238—2018）对时间指示器的计量性能进行校准。

三、检测结果对大型压力蒸汽灭菌器生产厂家的作用

（一）对生产厂家维修、调试在用大型压力蒸汽灭菌器的作用

灭菌器的检测，是指用温度压力检测仪对大型压力蒸汽灭菌器的温度、压力和时间参数进行检测，是出于设备定期维护和校准的目的而进行的定期检测。

根据《医院消毒供应中心第 3 部分：清洗消毒及灭菌效果监测标准》（WS 310.3—2016）的要求，每年定期对大型压力蒸汽灭菌器监测时需使用温度压力检测仪监测温度、压力和时间等参数。为保障灭菌质量首先需要确保大型压力蒸汽灭菌器性能良好。

大型压力蒸汽灭菌器自配的物理监测探头直接暴露于管道中，只能表示大型压力蒸汽灭菌器腔的温度变化，并不能客观反映灭菌包内部的实际灭菌温度，也不能

及时提示灭菌失败的风险。温度压力检测仪的温度探头放置在标准测试包中，模拟了较难灭菌的棉布包。当蒸汽穿透能力下降、标准测试包内有残留的不可冷凝气体时，标准测试包内的实测温度、时间等参数就可能不满足灭菌的要求。

由于大型压力蒸汽灭菌器其自配温度探头裸露导致的失真现象，定期对大型压力蒸汽灭菌器进行检测弥补了大型压力蒸汽灭菌器在使用过程中的平衡时间、温度均匀性、最低灭菌温度和最高灭菌温度监测的空白，从而为大型压力蒸汽灭菌器的安全使用和管理提供了新的思路，对大型压力蒸汽灭菌器维修、保养提供了相关的建议。定期检测可以及时发现设备异常，确保灭菌工作能够有效进行，并对大型压力蒸汽灭菌器的合理检测频率提供科学依据。

（二）对生产厂家提升大型压力蒸汽灭菌器产品质量的作用

对大型压力蒸汽灭菌器进行检测可以及时就发现的问题进行纠正，促进大型压力蒸汽灭菌器产品质量的提升，在大型压力蒸汽灭菌器安装时可更好的规划外围设施，提高施工安装质量。

1. 质量可靠

技术性能稳定的大型压力蒸汽灭菌器正常工作运行时，须有供汽源的供汽、压力管道的输汽、限压阀的调节、压力表的实时监测和安全阀的安全保障。作为大型压力蒸汽灭菌器正常运行的外围设备设施，任何环节的异常现象或故障都可影响到大型压力蒸汽灭菌器的正常运行，导致灭菌时间延长，灭菌效果不稳定或者灭菌失败。

1）供汽源系统

医院集中供汽汽源一般会同时连接病区自动开水器设备用于开水供给，连接洗衣房烘筒设备用于被服衣单等的烘干熨烫等。在大型压力蒸汽灭菌器正常运行过程中，由于其他用汽设备的开启，可能会引起大型压力蒸汽灭菌器供汽压力低于正常工作压力，从而触发大型压力蒸汽灭菌器自动报警，为保证灭菌效果，大型压力蒸汽灭菌器自动停止灭菌程序运行，导致设备停运，灭菌失败。

2）输汽管道

输汽管道连接供汽源和大型压力蒸汽灭菌器，其距离的长短、安装质量的好坏也影响大型压力蒸汽灭菌器的正常运行。由于安全管理原因，蒸汽输送管道较长且存在弯曲、上下转折等情况，因此供汽容易凝结冷凝水，且不宜排除。在每日每次运行时，如果管道内冷凝水过多、排除不畅，管道内存在异物、阻塞关键孔道也会导致设备无法正常有效运行，并影响灭菌效果。

3）限压阀

由于供汽源的蒸汽锅炉可能同时供给多种不同用汽设备，为保证灭菌器正常使用所需的蒸汽压力，弥补蒸汽长距离传输过程中的耗损，供汽源压力一般会维持在适当偏高的水平。为保证大型压力蒸汽灭菌器安全、正常使用，避免大型压力蒸汽灭菌器超压运行，一般在大型压力蒸汽灭菌器前加装限压阀，因此限压阀质量和限压设置同样会影响大型压力蒸汽灭菌器的正常使用。

4）压力表和安全阀

大型压力蒸汽灭菌器作为特种设备的压力容器，安全附件是必备设施。是否能适时准确显示压力、保持压力稳定，防止超限超压运行，压力表应到期进行计量检定。

2. 实施的措施

1）严格遵守操作规程

每班每次灭菌器工作前应检查设备性能，加强环节管理，查看疏水管线是否通畅。及时排放管道中的冷凝水，防止冷凝水阻碍蒸汽的流动，同时避免冷凝水流入大型压力蒸汽灭菌器内，灭菌完毕后应及时把管道内积水排空。灭菌程序运行前应确认供汽压力，并提前预热锅体。在汽压稳定、预热充分的前提下启动灭菌程序。

2）保障供汽压力稳定

供汽压力稳定是大型压力蒸汽灭菌器正常运行的前提保障。为新改建消毒供应中心安装独立供汽的电蒸汽发生器是发展趋势，可有效保障汽源质量，减少外部因素的影响。偶遇突发事件，职能部门要协调好各用汽部门和用汽设备设施，根据各部门工作量大小随时调节供汽量，分时段用汽。在保证消毒供应中心工作的前提下合理调配用汽量，并保障其他用汽设备设施的正常工作。

3）做好安全附件的及时检定及校验

大型压力蒸汽灭菌器关键安全附件的有效运行是基础。与其配套的关键安全附件有供汽管道上的限压阀、大型压力蒸汽灭菌器上的压力表和安全阀。

安全阀作为大型压力蒸汽灭菌器上重要的安全附件，其动作可靠性和性能好坏直接影响着设备和操作人员安全，大型压力蒸汽灭菌器生产厂家应指导操作人员定期进行检查。压力表作为强制检定器具，应按照计量法规要求定期进行计量检定。观察压力表在没有开启汽源前表针是否归零，面板是否破损，指针是否弯曲，零刻度挡针是否完好，建议使用前进行检查。

限压阀自动调节来汽压力，保障设备运行时压力稳定。例如，某医院2700余次大型压力蒸汽灭菌器使用中，由于限压阀质量问题，导致压力超限、安全阀起跳21次，使设备间蒸汽弥散、湿度过大，引起设备核心电路控制板损坏，设备停运35天。更换限压阀后，再无此类情况发生。

4）保证输汽管道设计合理和施工质量可靠

（1）输汽管道越长，产生冷凝水越多，特别是在北方寒冷季节尤其明显。因此，消毒供应中心尽量靠近供汽源，供汽管道做好隔热防冻措施，有条件者安装独立使用的蒸汽发生器。在管道安装施工作业中，提前做好规划设计，尽量减少不必要的弯折。使用不锈钢管材并做好防腐处理，防止管道生锈和腐蚀。及时清理焊接管道时遗留的焊渣，注意管道内清洁无异物。例如，某医院曾发生过在查找大型压力蒸汽灭菌器压力表指示不稳定原因的过程中，发现其供汽管道内有电焊焊渣的现象，在清除焊渣后压力指示稳定。

（2）大型压力蒸汽灭菌器灭菌效果是消毒供应中心质量控制的关键所在。消毒供应中心在使用时应重视设备的日常维护保养，包括定期清理保养门密封圈、检查清理内腔底部过滤网、蒸汽过滤网、供水过滤网、内筒和外筒疏水器、吸气口过滤网等。为保障设备的正常运行，具体的日常维护保养内容如下：

①严格规范各项操作规程，每日运行灭菌程序前例行检查设备工作状态，观察供汽压力、当前预热温度是否符合启动要求，以保障设备能够正常运行。

②加强操作人员的业务培训，做到持证上岗。

③医院保障部门制订合理的维护保养计划并严格执行。

④定期对灭菌器的灭菌物理参数进行检测，使大型压力蒸汽灭菌器计量性能指标符合国标的要求。

⑤大型压力蒸汽灭菌器配套使用的压力表应半年检定一次，安全阀应一年检验一次，保障安全附件性能可靠。

⑥保证供汽质量，做好外围设备设施的后勤维护，保证大型压力蒸汽灭菌器正常运行。

第四章　大型压力蒸汽灭菌器异常情况案例

大型压力蒸汽灭菌器在使用过程中，由于设备老化、参数设置不当、操作失误等，常会发生异常情况。异常情况发生后，操作人员应该立刻通知相关部门和维修人员，并协助维修人员对设备出现的问题进行分析和提供维修上的帮助。

本章根据灭菌程序运行过程中的各个环节可能出现的问题，结合《大型蒸汽灭菌器技术要求　自动控制型》（GB 8599—2008）技术要求、蒸汽灭菌器的原理和结构，分析问题，提出解决办法，可帮助维修人员快速、准确地解决问题。

第一节　设备异常及运行异常案例

本节根据灭菌过程中准备、脉动真空（脉动真空灭菌器）、升温、灭菌、降温、干燥等阶段出现的问题，分析这些问题、给出可能的原因，并提出相应问题的解决办法。

一、机动门故障

（一）案例一：操作和非操作侧门开门异常，按相应的功能键门只能开不能关，或者只能关不能开

1. 分析可能原因

（1）两侧门的保险丝发生故障。

（2）两侧门的控制开关发生故障。

2. 解决办法

（1）用万用表检查门保险丝是否烧毁，更换保险丝。

（2）检查控制开关连接线是否出现虚焊或脱焊现象。

（二）案例二：操作界面故障报警为内室压力未归零，无法正常开门

1. 分析可能原因

（1）高温高压造成电路板腐蚀。

（2）控制门的电路出现故障，引脚线出现断裂或出现虚焊或脱焊现象。

2. 解决办法

（1）更换腐蚀的电路板。

（2）找出控制门的电路故障点，解决虚焊或脱焊现象。

（三）案例三：空气开关跳闸，负压泵电机声音异常，不能正常开门

1. 分析可能原因

（1）由于高热导致负压泵内润滑油被烧干。

（2）负压泵和电机连接的皮带老化、松紧度和水平位置出现差异，导致负压泵不能正常工作。

2. 解决办法

（1）擦去负压泵原来的润滑油，均匀涂抹润滑油。

（2）如果有必要，更换转子上配置的轴承。

（3）定期更换负压泵和电机连接的皮带，并调节水平位置。

（四）案例四：操作侧门打开后，门封橡皮圈外弹，压缩空气外溢，门无法关闭

1. 分析可能原因

（1）控制高压空气进入凹槽的通断电磁阀发生故障。

（2）移门控制电路发生故障。

（3）CPU 控制程序出错。

2. 解决办法

（1）维修或更换控制高压空气进入凹槽的通断电磁阀。

（2）检查操作和非操作侧门封控制阀是否损坏，若有损坏，更换控制阀。

（3）重新启动控制程序。

（五）案例五：门电机堵转，门打不开

1. 分析可能原因

（1）密封胶条被抽回，门与门槽之间产生缝隙。

（2）密封胶条漏气或者损坏。

（3）开位行程开关或控制器发生故障。

2. 解决办法

（1）对门传动系统内的轴承或传动件进行保养或维修。

（2）重新安装密封胶条或更换密封胶条。

（3）检查开位行程开关与控制器连线是否断路，维修或更换开位行程开关或控制器。

（六）案例六：机动门无法关闭

1. 分析可能原因

（1）密封胶条凸起或者断裂。

（2）门板电动执行器前的直通单向阀堵塞。

（3）门电机保护板过热或烧坏，失去保护作用。

（4）门侧方的闭合位行程开关未闭合。

（5）开位行程开关或控制器发生故障。

2. 解决办法

（1）重新安装密封胶条或更换密封胶条。

（2）疏通或更换门板电动执行器前的直通单向阀。

（3）更换门电机保护板。

（4）调节闭合位行程开关挡杆的角度，使闭合位行程开关能够完全闭合。

（5）检查开位行程开关与控制器连线是否断路，维修或更换开位行程开关或控制器。

（七）案例七：门未闭合，不能关门报警

1. 分析可能原因

（1）门侧方的闭合位行程开关未闭合。

（2）开位行程开关或控制器发生故障。

2. 解决办法

（1）调节闭合位行程开关挡杆的角度，使闭合位行程开关能够完全闭合。

（2）检查开位行程开关与控制器连线是否断路，维修或更换开位行程开关或控制器。

（八）案例八：机动门开到位后，用手拉不开

1. 分析可能原因

（1）开门过程中，门齿条被前封板上锁紧螺钉卡住。

（2）门齿条位置过低或过高。

（3）门铰链位置过高或过低。

2. 解决办法

（1）调节锁紧螺钉，使开关门时门齿条与螺钉间阻力不要过大。

（2）将灭菌器门罩打开，调节开位行程开关来控制开门后门齿条位置的高低。

（3）调节固定座上的螺丝，以控制铰链位置的高低。

（九）案例九：机动门门板有划痕

1. 分析可能原因

机动门门板上有划痕，多是因为门板与门槽之间的间隙过小，开关门过程中，两面摩擦慢慢形成划痕。

2. 解决办法

当门板上有轻微划痕时，应及时用手砂轮磨平，减少门槽与门板的摩擦。

（十）案例十：闭合门时，机动门向外反弹

1. 分析可能原因

（1）后门端比前门端水平过高，闭合前门时会向外反弹。

（2）门传动轴承与铰链座连接处的滚针轴承突出过多或门连杆变形。

2. 解决办法

（1）适当调节后门端和前门端的水平高度。

（2）更换门连杆和滚针轴承。

（十一）案例十一：开关门噪音大

1. 分析可能原因

门传动系统缺乏润滑。

2. 解决办法

依次拆除门把手和门罩底部的固定螺丝，给门传动系统的轴承和链条等部位涂抹耐高温润滑油。

（十二）案例十二：机动门下垂

1. 分析可能原因

门铰链座上的轴承铜套磨损，其上的固定螺丝松动，固定销掉落。

2. 解决办法

先打开门罩，查看门铰链座上的轴承铜套是否磨损严重，导致铜套与铰链座轴之间的间隙过大，再检查门铰链座上的固定螺丝是否松动，固定销是否掉落等，依次检查并紧固。

二、程序启动故障

（一）案例一：电热设备启动程序时报警：“夹层压力低，程序不能启动报警”

1. 分析可能原因

（1）没有按使用要求提前预热设备，夹层压力过低，没有达到的上限压力值。

（2）夹层压力设定值过低，没有达到运行条件。

2. 解决办法

（1）按使用要求提前对设备进行预热，并满足预热时间。

（2）根据使用需求，修订夹层压力设定值。

（二）案例二：电热设备长时间预热后，夹层压力不上升

1. 分析可能原因

（1）设备使用电压不符合要求，如电压过低或三相电缺相。

（2）电加热接触器发生故障。

（3）加热管组烧坏。

（4）汽包排污阀门无法关闭到位或损坏。

2. 解决办法

（1）检查供电状况，确认电压空气开关是否闭合、电压是否符合要求。

（2）维修或更换电加热接触器。

（3）维修或更换加热管组。

（4）维修或更换汽包排污阀门。

（三）案例三：外接蒸汽设备启动程序时报警："夹层压力低，程序不能启动报警"

1. 分析可能原因

（1）蒸汽源的蒸汽压力不满足要求。

（2）蒸汽设备上蒸汽减压阀调节压力不适合。

（3）压缩气供气压力不足，夹层进汽阀未打开。

（4）夹层压力控制器压力上限设定值过低，夹层储汽压力值不满足要求。

（5）夹层进蒸汽过滤器滤网堵塞。

（6）夹层疏水阀堵塞。

2. 解决办法

（1）检查蒸汽源的蒸汽压力，使其满足需求。

（2）调节蒸汽设备上蒸汽减压阀，使压力处于合适的工作状态。

（3）调节压缩气供气压力，满足夹层进汽阀开启压力。

（4）调整夹层压力控制器的压力上限设定值，使夹层储汽压力值满足要求。

（5）拆下夹层进蒸汽过滤器滤网进行清洗，排除杂质。

（6）拆下夹层疏水阀进行清洗，排除杂质。

（四）案例四：外接蒸汽设备夹层预热升压慢

1. 分析可能原因

（1）设备开启前，没有有效排放管道内冷凝水，预热时大量冷凝水进入夹层，导致夹层升压慢。

（2）压缩气供气压力过低，气动阀无法开启。

（3）蒸汽源的蒸汽压力不满足要求。

（4）夹层进汽减压阀调节的蒸汽流量太小。

（5）蒸汽源管路长，含水汽多，疏水阀疏水效果不好，夹层大量积水。

（6）夹层进蒸汽过滤器滤网堵塞。

（7）夹层疏水阀堵塞。

2. 解决办法

（1）设备开启前，充分排完排放管道中的冷凝水，再预热设备。

（2）调节压缩气供气压力，满足气动阀开启压力。

（3）检查蒸汽源的蒸汽压力，使其满足需求。

（4）调节夹层进汽减压阀流量。

（5）设备进汽前端增设汽水分离包。

（6）拆下夹层进蒸汽过滤器滤网进行清洗，排除杂质。

（7）拆下夹层疏水阀进行清洗，排除杂质。

（五）案例五：启动程序后，内室压力不下降

1. 分析可能原因

（1）真空泵工作异常。

（2）真空泵的电源开关未合闸，供电电压不满足要求。

（3）压缩气供气压力过低，气动阀无法开启。

（4）抽空阀未完全打开。

2. 解决办法

（1）检查真空泵是否正常转动、是否顺时针旋转，电磁启动器是否吸合，热过载继电器或交流接触器是否损坏。

（2）确保供电电压满足真空泵的电源要求，再将真空泵的电源开关合闸。

（3）调节压缩气供气压力，满足气动阀开启压力。

（4）完全打开抽空阀。

（六）案例六：启动程序后，不打印

1. 分析可能原因

（1）打印机电源未开或接线断路。

（2）打印机纸仓内缺纸。

（3）打印机的通信数据线接触不良。

（4）设置中打印机状态为“未开启”。

（5）打印机损坏。

2. 解决办法

（1）确保打印机供电正常，接线良好。

（2）正确装入打印纸。

（3）重新检查打印机的通信数据线，确保接触良好。

（4）将打印机设置为“开启”状态。

（5）更换打印机。

（七）案例七：启动程序后，水压低报警

1. 分析可能原因

（1）供水管道压力低。

（2）控制水箱液位的浮子开关发生故障。

（3）进水过滤器堵塞。

（4）供水电磁阀未开启。

2. 解决办法

（1）协调相关部门，提高供水管道水源压力。

（2）对水箱液位的浮子开关进行维修或更换。

（3）清洗或更换进水过滤器。

（4）检查供水电磁阀的供电是否正常。

三、脉动阶段故障

（一）案例一：启动程序后，内室压力不能抽空至设定值

1. 分析可能原因

（1）灭菌器的脉动下限设置过低，低于抽真空目标值。

（2）供水管道压力低。

（3）进水过滤器堵塞。

（4）真空泵供水电磁阀未打开。

（5）真空泵内结垢，堵塞管道导致排水不畅。

（6）冷凝器泄漏。

2. 解决办法

（1）重新设置灭菌器的脉动下限。

（2）协调相关部门，提高供水管道水源压力。

（3）清洗或更换进水过滤器。

（4）检查真空泵供水电磁阀供电情况，维修或更换供水电磁阀。

（5）清除真空泵内的水垢，使管道排水通畅。

（6）维修冷凝器泄漏部位或者更换冷凝器。

（二）案例二：启动程序后，内室补气正压不上升

1. 分析可能原因

（1）气动阀发生故障。

（2）压缩气供气压力过低，气动阀无法开启。

（3）夹层通内室管路或过滤器堵塞。

2. 解决办法

（1）更换气动阀。

（2）调节压缩气供气压力，满足气动阀开启压力。

（3）对夹层通内室管路或过滤器进行清洗，排除杂质。

（三）案例三：启动程序后，抽真空速度慢

1. 分析可能原因

（1）灭菌器的脉动下限设置过低，低于抽真空目标值。

（2）供水管道压力低。

（3）进水过滤器堵塞。

（4）真空泵供水电磁阀未打开。

（5）真空泵内结垢，堵塞管道导致排水不畅。

（6）冷凝器泄漏。

2. 解决办法

（1）重新设置灭菌器的脉动下限。

（2）协调相关部门，提高供水管道水源压力。

（3）清洗或更换进水过滤器。

（4）检查真空泵供水电磁阀供电情况，维修或更换供水电磁阀。

（5）清除真空泵内的水垢，使管道排水通畅。

（6）维修冷凝器泄漏部位或者更换冷凝器。

（四）案例四：脉动过程中，真空泵噪音大

1. 分析可能原因

（1）真空泵的消音器堵塞。

（2）真空泵运行过程中没有水，叶轮摩擦没有水进行冷却，金属膨胀，造成摩擦力增大。

（3）供水管道压力过高或水箱水位过高，单位时间内进入泵内的水量过大，增加泵的负荷，产生噪音。

（4）真空泵或排水管内结垢，管径变细，堵塞管道，导致排水不畅。

（5）真空泵和排水管安装不合适，如排水管太细、太长，排水管出口过低等。

2. 解决办法

（1）清洗或更换消音器。

（2）保证真空泵供水正常。

（3）协调相关部门，适当调整供水管道水源压力或水箱水位。

（4）清除真空泵或排水管内的水垢，使管道排水通畅。

（5）按照要求正确安装真空泵。

（五）案例五：脉动过程中抽空转进汽阶段，进汽声音大

1. 分析可能原因

（1）灭菌器内室挡汽板脱落或螺丝松动，造成蒸汽冲击挡汽板产生震动。

（2）蒸汽含水量过大，冲击挡汽板产生声音。

2. 解决办法

（1）将灭菌器内室挡汽板的螺丝拧紧，防止螺丝松动或挡汽板脱落。

（2）保证蒸汽质量。

（六）案例六：脉动或干燥结束后真空泵不停止

1. 分析可能原因

（1）真空泵接触器、真空泵继电器黏连导致真空泵仍然工作。

（2）灭菌器 PC 机真空泵信号输出点损坏。

（3）控制程序存在漏洞，脉动或干燥结束后灭菌器 PC 机仍有真空泵输出。

2. 解决办法

（1）维修或更换真空泵接触器、真空泵继电器。

（2）对灭菌器 PC 机真空泵信号输出点损坏部分进行处理或者更换控制线路板。

（3）与生产厂家沟通，确认控制程序存在的漏洞并重新进行设置。

（七）案例七：电热设备，蒸发器缺水报警

1. 分析可能原因

（1）供水压力过低。

（2）供水电磁阀未打开。

（3）注水泵发生故障。

（4）水位报警器发生故障。

2. 解决办法

（1）协调相关部门，提高供水压力。

（2）检查真空泵供水电磁阀供电情况，维修或更换供水电磁阀。

（3）维修或更换注水泵。

（4）维修或更换水位报警器。

四、升温阶段故障

（一）案例一：蒸汽未进入内缸，温度下降或不能上升

1. 分析可能原因

（1）蒸汽阀门未打开。

（2）无来源蒸汽供给。

（3）蒸汽过滤器堵塞。

（4）减压阀发生故障。

（5）电磁阀发生故障。

2. 解决办法

（1）运行前检查蒸汽阀门是否打开。

（2）联系相关部门，调节蒸汽源。

（3）定期清洗或更换蒸汽过滤器的过滤网。

（4）维修或更换减压阀。

（5）维修或更换电磁阀。

（二）案例二：运行过程中升温慢

1. 分析可能原因

（1）灭菌器的蒸汽源压力不足。

（2）灭菌器内物品装载过多。

（3）密封胶条损坏，压缩气泄漏。

（4）压缩气供气压力过低，气动阀开启不完全。

（5）内室慢排阀的开启和关闭时间设置不合适。

2. 解决办法

（1）将灭菌器的蒸汽源压力控制在合理范围内。

（2）控制灭菌器内物品的装载量，一般不超过容积的 80%。

（3）及时更换老化严重或者破损的密封胶条。

（4）调节压缩气供气压力，满足气动阀开启压力。

（5）合理设置内室慢排阀的开启和关闭时间。

（三）案例三：升温灭菌阶段有尖叫声

1. 分析可能原因

（1）灭菌器内室挡汽板脱落或者螺丝松动，造成蒸汽冲击挡汽板产生震动。

（2）蒸汽含水量过大，冲击挡汽板产生声音。

（3）密封胶条老化或破损，随着内室压力的增高，蒸汽从胶条缝隙泄漏。

2. 解决办法

（1）将灭菌器内室挡汽板的螺丝拧紧，防止螺丝松动或者挡汽板脱落。

（2）保证蒸汽质量。

（3）及时更换老化严重或者破损的密封胶条。

五、灭菌阶段故障

（一）案例一：灭菌过程中，超温报警

1. 分析可能原因

（1）密封圈老化，产生泄漏。

（2）灭菌器腔内水量少，蒸汽产生不足。

（3）电磁阀未打开，没有形成通路。

（4）水泵不工作，没有形成负压吸引水流向锅内。

（5）管路堵塞。

2. 解决办法

（1）更换密封圈。

（2）及时补充水量。

（3）用细纱纸清理电磁阀触点表面氧化物或更换电磁阀。

（4）更换水泵。

（5）使用纯净水，定期更换灭菌器腔内的水，并清理管路。

（二）案例二：灭菌过程中，低温报警

1. 分析可能原因

（1）蒸汽源的蒸汽压力不满足要求。

（2）压缩气供气压力过低，内室进汽气动阀无法开启。

（3）密封胶条老化或破损，导致内室气体变成蒸汽和压缩空气的混合气体。

（4）设备开启前，内室冷凝水过多。

（5）内室疏水阀调节不合适，排水量过小。

（6）内室温度或压力检测不准，内室温度检测偏低，或内室压力检测偏高。

2. 解决办法

（1）检查蒸汽源的蒸汽压力，使其满足需求。

（2）调节压缩气供气压力，满足内室进汽气动阀开启压力。

（3）及时更换老化严重或者破损的密封胶条。

（4）设备开启前，充分排完内室冷凝水，再预热设备。

（5）合理调节内室疏水阀，适当加大排水量。

（6）对内室温度或压力及时进行检测，技术指标应符合使用要求。

（三）案例三：灭菌过程中，超温退出

内室温度高于设定灭菌温度 4℃（默认值）持续 20 s 后，会触发报警："内室温度超温报警"。此时程序会中途退出，灭菌失败。

1. 分析可能原因

（1）内室温度检测偏高，实际温度并未超温。

（2）内室压力检测偏低，即实际内室压力高于所控制内室压力限度，导致内室

温度实际超温。

（3）过热蒸汽所致，同等压力下过热蒸汽温度要比饱和蒸汽温度高。

2. 解决办法

（1）对内室温度传感器进行检测，技术指标应符合使用要求。

（2）对内室压力传感器进行检测，技术指标应符合使用要求。

（3）保证蒸汽质量，内室应通入饱和蒸汽。

（四）案例四：灭菌过程中，安全阀冒汽

1. 分析可能原因

（1）如果内室压力高于安全阀整定压力，可能是内室压力传感器示值偏低或内室压力限度参数设置过大。

（2）安全阀整定值偏低。

（3）安全阀损坏，无法整定到规定值。

2. 解决办法

（1）正确设置内室压力限度参数，对内室压力传感器进行检测，技术指标应符合使用要求。

（2）重新校准安全阀整定值。

（3）更换安全阀。

（五）案例五：灭菌过程中，内室温度与记录温度偏差过大

在灭菌过程中，内室温度与记录温度偏差大于1℃（默认值），并持续10 s，会触发报警："内室温度与记录温度偏差过大"。

1. 分析可能原因

（1）内室温度与记录温度的温度采集系统不准。

（2）内室温度与记录温度的温度传感器误差偏大。

2. 解决办法

（1）对内室温度与记录温度的温度采集系统进行检测，技术指标应符合使用要求，并确保两者之间误差尽可能小。

（2）更换温度传感器。

（六）案例六：灭菌过程中，触摸屏显示压力与压力表压力不符

1. 分析可能原因

（1）压力变送器与压力表的误差不一致。

（2）压力变送器或压力表的误差偏大。

2. 解决办法

（1）对压力变送器与压力表进行检测，技术指标应符合使用要求，并确保两者之间误差尽可能小。

（2）更换压力变送器或压力表。

（七）案例七：灭菌过程中，突然停止，所有元件不启动

1. 分析可能原因

（1）前门或后门的门关位信号突然消失，程序自动退出。

（2）夹层“急停按钮”被按下。

（3）控制器突然死机。

2. 解决办法

（1）检查前门或后门的门关位信号，以及控制器的输入信号是否正常。

（2）查找“急停按钮”被按下的原因，解决相关问题后，重新启动程序。

（3）查找控制器突然死机的原因，解决相关问题后，重新启动程序。

六、排汽阶段故障

案例：排汽过程中，排汽慢，不干燥

1. 分析可能原因

（1）供气压力不足。

（2）内室排汽阀、冷凝器进水阀等未正常开启。

（3）排泄管路堵塞。

（4）排泄管路存在背压超高现象，蒸汽源疏水阀损坏或疏水调节过大，导致大量高压蒸汽进入排泄管道，使管道压力升高。

（5）真空泵不正常。

（6）冷凝器阻塞或冷凝器水阀未能开启。

2. 解决办法

（1）调节压缩气供气压力，满足相应气动阀开启压力。

（2）维修或更换内室排汽阀、冷凝器进水阀。

（3）清除排泄管路内的堵塞物、水垢或者杂质。

（4）维修或更换蒸汽源疏水阀。

（5）维修真空泵。

（6）维修或更换冷凝器或冷凝器水阀。

七、干燥阶段故障

（一）案例一：干燥阶段，真空泵保护

1. 分析可能原因

（1）真空泵三相电流过大，热过载继电器内部元件发热，或热过载继电器损坏。

（2）水环式真空泵的密封水介质压力过高，过多的水涌入泵腔，对真空泵叶轮旋转造成很大阻力，导致真空泵过载。

（3）排泄管路不顺畅或背压导致真空泵工作负载变大。

（4）真空泵内结垢过多，或者有异物阻挡。

2. 解决办法

（1）调整热过载继电器保护电流，或更换热过载继电器。

（2）调小进入设备的供水截止阀开度。

（3）清除排泄管路内的堵塞物、水垢或者杂质。

（4）清除真空泵内的水垢或异物。

（二）案例二：干燥阶段，不计时

1. 分析可能原因

（1）真空泵真空能力下降，极限真空度无法达到计时压力。

（2）真空泵进水阀未开启，循环水无法进入真空泵。

（3）真空泵工作用水温度过高，影响真空泵性能。

（4）排泄管路背压过高，影响真空泵极限真空度。

（5）冷凝器漏水。

（6）设备严重泄漏或有压缩气通过密封胶条进入内室。

2. 解决办法

（1）清理真空泵内水垢或更换真空泵。

（2）维修或更换真空泵进水阀。

（3）采取有效措施降低真空泵工作用水温度。

（4）清除排泄管路内的堵塞物、水垢或者杂质，减小排泄管路背压。

（5）维修冷凝器及其管路，或更换冷凝器。

（6）维修泄漏处或更换密封胶条。

（三）案例三：干燥阶段，内室温度下降快

1. 分析可能原因

（1）冷凝器泄漏。

（2）真空泵的水箱供水、补水不及时，导致真空泵极限真空能力下降。

（3）内室负压低于真空泵抽空能力，导致真空泵及水箱内的水倒吸入内室。

2. 解决办法

（1）维修冷凝器及其管路，或更换冷凝器。

（2）维修真空泵的供水或水循环系统，或者增大进水阀的开度。

（3）提高内室负压。

（四）案例四：干燥阶段，正压、负压来回转换

1. 分析可能原因

设备将干燥方式设置为脉动干燥，导致干燥时，内室不断地重复抽空和进气。

2. 解决办法

重新设置干燥方式，由脉动干燥切换为真空干燥。

八、回空阶段故障

（一）案例一：回空阶段，回空慢

1. 分析可能原因

（1）压缩气源压力不足，回空阀没有正常开启，或先导阀供电回路未连通。

（2）空气过滤器严重阻塞。

2. 解决办法

（1）提高压缩气源供气压力或将先导阀供电回路连通。

（2）维修或更换空气过滤器。

（二）案例二：回空阶段，有异常噪音

1. 分析可能原因

空气过滤器未安好或损坏。

2. 解决办法

重新安装或更换滤芯。

（三）案例三：回空阶段，不转入结束

1. 分析可能原因

（1）内室压力低于回空零位。

（2）内室温度过高，未达到转入回空结束条件。

2. 解决办法

（1）重新设置回空结束条件中的回空零位。

（2）重新设置回空结束条件中的内室温度，维修或更换温度传感器。

九、程序结束故障

（一）案例一：程序结束不报警

1. 分析可能原因

（1）蜂鸣器损坏。

（2）蜂鸣器线路发生故障。

2. 解决办法

（1）测量蜂鸣器两端电压，若为 DC24V，则证明蜂鸣器损坏，需要更换蜂鸣器。

（2）测量蜂鸣器两端电压，若无 DC24V，查找故障并维修线路。

（二）案例二：程序结束后，门打不开

1. 分析可能原因

（1）内室压力不在“零位”，门无法打开。

（2）密封胶条无法顺利抽回，没有完成泄压。

（3）门电机堵转。

2. 解决办法

（1）将回空零位和排汽零位临时设置为合适值。

（2）进入手动操作，打开内室抽空阀、真空泵。

（3）用齿轮扳手套通过紧急开门六方螺杆将门摇开，向下为开，向上为关。

（三）案例三：灭菌器内室门打开后，有水流出

1. 分析可能原因

（1）灭菌器内室负压低于真空泵抽空能力，导致真空泵及水箱内的水倒吸入灭菌器内室。

（2）排泄管路背压过大，而灭菌器内室疏水管路或抽空管路单向阀损坏，导致排泄管路水汽倒流入灭菌器内室。

（3）灭菌器内室水位检测发生故障，汽包注水过多，通过夹层进入灭菌器内室。

2. 解决办法

（1）提高灭菌器内室负压能力。

（2）维修灭菌器内室疏水管路，更换抽空管路单向阀，清除排泄管路内的堵塞物、水垢或者杂质，减小排泄管路背压。

（3）维修或更换灭菌器内室水位检测器。

（四）案例四：灭菌结束后，灭菌器内室排气口有水垢

1. 分析可能原因

（1）灭菌器内室排气口积水，有回水现象。

（2）灭菌器内室柜体底部变形，导致排气口容易积水，水无法排除。

2. 解决办法

（1）提高灭菌器内室负压能力。

（2）维修灭菌器内室柜体底部变形处。

十、真空泵故障

案例：灭菌室内排出空气所需时间过长

1. 分析可能原因

（1）电源发生故障。

（2）无供水。

（3）真空马达发生故障。

（4）真空泵发生故障。

2. 解决方案

（1）检查三相电源是否掉闸，复位电源。

（2）检查供水压力表，确认水压正常。

（3）检查真空马达阀是否运转正常，若不正常，检查真空马达阀电源插销是否接触不良，若供电正常，则维修或更换真空马达。

（4）维修或更换真空泵。

十一、门封故障

（一）案例一：门封联锁故障

1. 分析可能原因

门封压力保护开关老化。

2. 解决方案

更新门封压力保护开关，并重新设置压力保护开关。

（二）案例二：门封压力错误

在抽真空阶段，压力无法达到设定值以下，抽真空无法结束。

1. 分析可能原因

（1）密封圈或压力软管老化导致泄漏量超出规定范围。

（2）压力传感器发生故障。

2. 解决方案

（1）更换密封圈或压力软管。

（2）更换压力传感器，重新校准大气压力设定值。

十二、蒸汽发生器故障

案例：灭菌时报警，蒸汽发生器发生故障，蒸汽压力表指示值为 0 kPa

1. 分析可能原因

（1）加热管对地短路，导致空气开关启动漏电保护。

（2）配电箱控制蒸汽部分继电器发生故障，导致开关无法闭合。

（3）水位探头发生故障，导致蒸汽发生器缺水。

2. 解决方案

（1）维修或更换加热管。

（2）维修或更换配电箱控制蒸汽部分继电器。

（3）维修或更换水位探头。

十三、蒸汽供应不足故障

案例：灭菌室内导入空气所需时间过长

1. 分析可能原因

（1）供气马达发生故障。

（2）单向阀发生故障。

（3）空气过滤器堵塞。

2. 解决方案

（1）检查供气马达阀电源插销是否接触不良，若供电正常，则维修或更换供气马达。

（2）清洗单向阀的阀芯，或者更换单向阀。

（3）定期更换空气过滤器的滤芯。

十四、压缩空气异常

案例：压缩空气无压力，仪器报警

1. 分析可能原因

（1）压缩机电源或者压缩机自身发生故障。

（2）压缩空气管路漏气。

（3）压力控制器发生故障。

2. 解决方案

（1）维修压缩机电源或者压缩机。

（2）检查压缩空气管路，可用皂脂法检查软管、铜管及接头等，如有漏气，需要更换新的配件。

（3）用万用表检查有压力时压力开关是否导通，若开关导通，则是电路故障；若开关不导通，则更换压力开关。

十五、模拟压力传感器或温度传感器故障

在灭菌过程中，如果模拟压力传感器或温度传感器出现故障，灭菌过程将会停止运行，这种故障不允许重启灭菌过程，原因是在故障被确认之后，即使它不会被显示出来，传感器故障仍然存在。模拟压力传感器故障的另一个后果是压力或温度控制器将不能工作，这就意味着温度、压力将无法被控制。

模拟压力传感器出现故障后，操作人员必须跳过真空后期处理、抽空、清除、自冷却和压力平衡的压力条件。

温度传感器出现故障后，操作人员必须跳过相应的温度条件。

十六、压力传感器故障

案例：干燥真空过程中若压力传感器发生故障，如何退出灭菌程序

一般来说，出现压力传感器故障之后，有两种方法可以退出灭菌程序，分别为自动关闭和手动关闭。两种方法都必须联系可以开启“步进／授权用户”的技术员，以便能够启动待机模式。为了防止意外步进或灭菌过程停滞，必须在每一个步进操作之间重置系统。

1. 自动关闭

（1）如果大型压力蒸汽灭菌器被设置为在报警时自动关闭，灭菌过程将自动跳至后期处理阶段。如果未被设置成这种方式，可按下“开始”按钮，再按“确定”按钮跳至后期处理阶段。需要注意的是，灭菌过程会被迅速抽空控制，上升调节装置不会启动。

（2）当真空泵运转 30 min 之后，灭菌程序进行至压力平衡，同时显示屏上显示“等待大气压力平衡”。

（3）等待腔体中形成大气压力。

（4）启动“步进／授权用户”，并按下“更多”按钮。

（5）选择“步进”和“确定”按钮，退出压力平衡阶段。

2. 手动关闭

（1）手动操作排汽阀、控制压力平衡过滤器或支持压力的阀，以便使腔体中的压力与大气压力平衡。检查腔体压力表上的压力读数。

（2）启动“步进／授权用户”，并按下“更多”按钮。

（3）选择“步进”并反复按下“确定”按钮，退出压力平衡阶段。

（4）“步进／授权用户”被启动时，如果按下“开始”按钮，可从原来灭菌程序停止的地方继续进行灭菌过程，这种设置会在压力传感器出现故障时，引发新的报警及二次故障。

十七、温度传感器故障

案例：干燥真空过程中若温度传感器发生故障，如何退出灭菌程序

出现温度传感器故障之后，有两种方法可以退出灭菌程序，分别是自动关闭和

手动关闭。

1. 自动关闭

（1）如果大型压力蒸汽灭菌器被设置为在报警时自动关闭，灭菌过程将自动跳至后期处理阶段。如果未被设置成这种方式，可按下“开始”按钮，再按“确定”按钮跳至后期处理阶段。

（2）后真空和压力平衡得以执行，之后灭菌过程关闭。

2. 手动关闭

联系可以开启“步进／授权用户”的技术员，以便能够启动待机模式。

①开启钥匙开关至“步进／授权用户”，然后按下“更多”按钮。

②反复按下“步进”按钮，将灭菌过程步进至后期处理阶段。

③按下“开始”按钮，开启后处理阶段，后真空和压力平衡得以建立，然后运行的灭菌过程关闭。

④“步进／授权用户”被启动时，如果按下“开始”按钮，可从原来灭菌程序停止的地方继续进行灭菌过程，这种设置会在温度传感器出现故障时，引发新的报警及二次故障。

十八、外部安全联锁故障

大型压力蒸汽灭菌器安装有一个自动监控系统，用于监控独立于控制系统的外部安全联锁零部件。工作中的外部零部件如果出现位置改变、被卡住并一直显示“安全位置”时，可能较难被发现，即使发现也已经太晚，此时，控制系统可能已经出现故障。

监控系统的作用是确保允许介质进入腔体的安全系统和门开启安全系统的正常工作。监控工作由一个与外部零部件和控制系统接触的继电器系统完成，在灭菌过程之前或运行过程中的某些预定位置，监控系统检查各个外部零部件是否按要求开启或关闭。如果继电器系统与控制系统的信息不一致，控制系统会储存差异直到灭菌过程结束。灭菌过程完成之后，报警启动，显示屏上显示当前的联锁类型。报警不能通过常规方式重置，只要报警处于开启状态，就不能开始新的灭菌过程。解决方案如下：

（1）按下“确定”按钮，使报警信号静音。

（2）维修出现故障的零部件。

（3）启动“步进／授权用户”。

（4）完成当前灭菌过程。

（5）按下“更多”，然后选择“确认”按钮重置报警。

（6）设置零部件并进行安全检查。

（7）按下“静音报警信号”按钮。

十九、蒸汽进汽阀故障

案例：灭菌器夹套温度升温速率缓慢，大型压力蒸汽灭菌器运行无报警

1. 分析可能原因

进汽阀为气动阀，经常有开启和关闭的动作。介质损耗和润滑剂的损失，将导致密封滑块性能下降，导致相关气动门无法打开等。

2. 解决办法

更换密封滑块，定期检查滑块行程的顺畅程度，及时涂加润滑剂。

第二节　设备使用及检测异常案例

本节根据湿包、化学指示卡和生物指示物等的灭菌效果，以及通过计量校准得到的灭菌温度范围、灭菌维持时间等，分析设备使用及检测异常的原因，提出相应解决办法。

一、湿包

（一）案例一：位于高压蒸汽灭菌器腔体底部中心位置的灭菌物品有湿包现象

（1）分析可能原因是：由于真空泵的工作效率变低；干燥时排汽的气动阀不完全打开；蒸汽冷凝水的疏水电磁阀故障等原因导致腔体底部的冷凝水没有完全排空。

（2）首先，启动“测漏试验”程序，来检测真空泵的抽真空能力和灭菌器的腔体密闭性，若腔体压力低于测试值，说明真空泵的抽真空能力和腔体密闭性完好。其次，判断配件是否老化，将干燥排汽的气动阀的阀芯拆出，检查阀芯的密封圈上是否附着水垢，若有先进行清洗，然后装回。装回气动阀后，进行压缩空气测试，检查气动阀工作是否正常。最后，检查蒸汽冷凝水的输水电磁阀：测量电磁阀的线

圈电阻，判断线圈的好坏，将电磁阀的阀芯拆出进行检查，看是否有损坏的痕迹，并进行清洁；一般在线圈的接线插座处会内置 2 个二极管，可用万用表检测二极管的好坏，如有损坏更换同型号的二极管。

（二）案例二：蒸汽输送管道中的冷凝水未得到及时有效地排除

（1）分析可能原因是：从蒸汽源到大型压力蒸汽灭菌器的输送管道无严格的保温措施；蒸汽输送管道无汽水分离疏水装置；蒸汽管道未设置旁通，早晨第一锅大量冷凝水无法及时排放；蒸汽主管道、疏水管路布局不合理。

（2）在尽可能的情况下，蒸汽主管道应沿流动方向布置有不小于 1 ∶ 100 的坡度（每 100 m 有 1 m 的下降）。该坡度将确保冷凝水在重力和蒸汽流动的作用下流向排放点，然后在排放点冷凝水可被安全有效地排除。蒸汽冷凝物取样装置如图 4.1 所示。

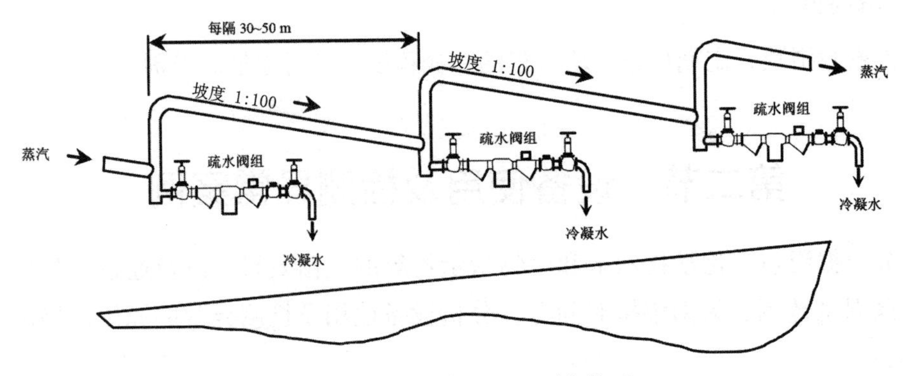

图 4.1 蒸汽冷凝物取样装置

（三）案例三：操作不规范

众所周知，产生湿包的原因涉及到灭菌过程的许多方面，有些内容前边已经提到，对于灭菌过程操作监管者来说有许多方面需要进行仔细检查。从经验来看，不规范的灭菌操作过程是引起湿包的主要因素，但这不是唯一的因素。对于规范化灭菌操作过程的检查及评估是改善湿包的第一步，也是预防湿包的最好方法。这需要对参与灭菌操作过程的所有人员都进行评估与检查，确保整个灭菌操作过程是规范的。

1. 包装材料

包装材料要求如下：

（1）灭菌包装材料包括硬质容器、一次性医用皱纹纸、纸塑袋、纸袋、纺织品、无纺布等。

（2）最终灭菌医疗器械包装材料应符合 GB/T 19633—2015 的要求。皱纹纸、无纺布、纺织品还应符合 YY/T 0698.2—2009 的要求；纸袋还应符合 YY/T 0698.4—2009 的要求；纸塑袋还应符合 YY/T 0698.5—2009 的要求；硬质容器还应符合 YY/T 0698.8—2009 的要求。

（3）棉布类敷料可采用符合 YY/T 0698.2—2009 要求的棉布包装；棉纱类敷料可选用符合 YY/T 0698.2—2009、YY/T 0698.4—2009、YY/T 0698.5—2009 要求的医用纸袋、非织造布、皱纹纸或复合包装袋，采用小包装或单包装。

（4）开放式储槽不应用作无菌物品的最终包装材料。

（5）普通棉布包装材料应一用一清洗，无污渍，灯光检查无破损。普通棉布应为非漂白织物，除四边外不应有缝线，不应缝补；初次使用前应高温洗涤，脱脂去浆。

（6）硬质容器的使用与操作，应遵循生产厂家的使用说明或指导手册，并符合 WS 310.2—2016 的要求。每次使用后应清洗、消毒和干燥。

2. 织物敷料的包装

（1）包装前，包装材料和被包装的灭菌物品应是干燥的。

（2）包装材料使用前应在温度 18 ℃ ~ 22 ℃，相对湿度 35 % ~ 70 %条件下放置 2 h，仔细检查有无残缺破损。

（3）织物敷料包质量不宜超过 5 kg。

（4）脉动真空压力蒸汽灭菌器灭菌包体积不宜超过 30 cm × 30 cm × 50 cm。

3. 器械的包装

（1）灭菌前应将器械彻底清洗干净，器械清洗后，应干燥并及时包装。

（2）手术器械应摆放在篮筐或有孔的托盘中进行配套包装。

（3）手术所用的盘、盆、碗等器皿，宜与手术器械分开包装。

（4）剪刀和血管钳等轴节类器械不应完全锁扣。有盖的器皿应开盖，摞放的器皿间应用吸湿布、纱布或医用吸水纸隔开，包内容器开口朝向一致；管腔类物品应盘绕放置，保持管腔通畅；精细器械、锐器等应采取保护措施。

（5）手术器械若采用闭合式包装方法，则应由 2 层包装材料分 2 次包装。

（6）密封式包装方法应采用纸袋、纸塑袋等材料，宜单层包装。

（7）常规器械包质量应不宜超过 7 kg。

（8）脉动真空压力蒸汽灭菌器灭菌包体积不宜超过 30 cm × 30 cm × 50 cm。

4. 器皿的包装

（1）灭菌前应将物品彻底清洗干净，物品清洗后，应干燥并及时包装。

（2）盘、盆、碗等器皿，宜单独包装。

（3）密封式包装应采用纸袋、纸塑袋等材料，宜单层包装。

5. 装载

灭菌物品的装载，应符合《医院消毒供应中心第 2 部分：清洗消毒及灭菌技术操作规范》（WS 310.2—2016）的要求。具体内容有以下几点：

（1）应使用专用灭菌架或篮筐装载灭菌物品，灭菌包之间应留间隙；

（2）宜将同类材质的器械、器具和物品，置于同一批次进行灭菌；

（3）材质不相同时，纺织类物品应放置于上层、竖放，金属器械类放置于下层；

（4）手术器械包、硬式容器应平放；盆、盘、碗类物品应斜放，玻璃瓶等底部无孔的器皿类物品应倒立或侧放；纸袋、纸塑袋包装的物品应侧放；利于蒸汽进入和冷空气排出；

（5）选择下排气式大型压力蒸汽灭菌程序时，大包宜摆放于上层，小包宜摆放于下层；

（6）设备最大装载量不应超过 WS 310.2—2016 要求。

二、黄包

1. 分析可能原因

（1）包布在洗涤过程中没有漂洗干净，残留的洗涤剂在高温环境中变黄。

（2）常规机动门，手动门夹层都是碳钢结构，长时间接触蒸汽可能会引起腐蚀，生锈，引发包布发黄（工业蒸汽会更严重）。

（3）新的棉布包，未经洗涤直接用于灭菌包装，新棉布包表面都会有一层浆，在高温环境中会变黄。

（4）蒸汽管道碳钢也会因时间长久生锈引起黄包。

2. 解决办法

（1）确保棉布在洗涤过程中充分漂洗干净，避免因为价格便宜采用劣质洗涤剂。

（2）如果蒸汽是工业蒸汽，没有经过任何处理，蒸汽含有杂质很多，可加装蒸汽过滤器。

（3）如果是设备夹层本身生锈引起黄包，更改双路进汽。

三、泄露测试失败

（一）案例一：真空测试失败

大型压力蒸汽灭菌器真空抽到设定值时，真空泵停止工作，但进入等待时间后，内腔压力开始逐渐上升。真空测试结束时，真空值变大，导致真空测试失败，机器不能使用。

1. 分析可能原因

（1）密封圈老化。

（2）却水器阀片密封不良。

（3）真空泵被腐蚀或有损伤。

（4）腔体焊接处出现氧化或有沙眼。

2. 解决办法

（1）定期检查门密封圈是否有裂纹，如果有，及时更换门密封圈。

（2）更换却水器。

（3）更换真空泵。

（4）可使用打磨机对沙眼进行打磨后，用专用不锈钢金属修补剂进行修补固化。

（二）案例二：密封胶条故障

将门关闭后进入手动状态，打开进汽阀门，处于密封状态时再将进汽阀门关闭，过 1 h 后观察触摸屏或者内室压力表压力上升是否超过 15 kPa，若上升超过 15 kPa，则证明密封胶条泄漏；反之，密封胶条不泄漏。

（1）检查管路是否泄漏。运行 B-D 测试程序，在灭菌阶段检查管路是否泄漏，重点检查压力表接头处。

（2）检查安全阀是否泄漏。通过调换安全阀或者更换为新安全阀进行对比，判断安全阀是否泄漏。

四、B-D 测试失败

B-D测试是对多孔负载灭菌的大型压力蒸汽灭菌器是否能成功去除空气的测试。

（一）案例一：抽空能力不足

设备抽空能力不足一般是指真空泵的抽空能力下降，导致脉动阶段内室压力不能抽空至程序设定的下限值，最终导致 B-D 测试包内有大量的空气残留，阻碍蒸汽对灭菌包的穿透。冷空气残留如图 4.2 所示。

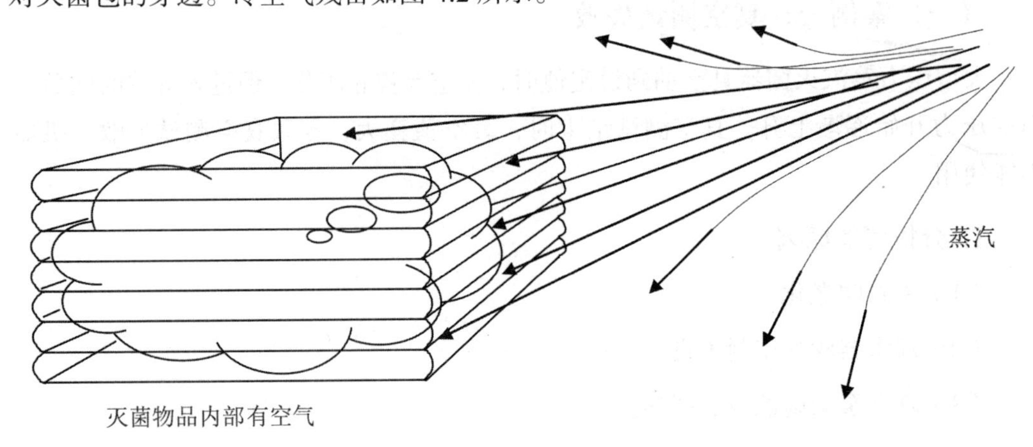

图 4.2　冷空气残留

（二）案例二：设备存在空气泄漏

设备存在空气泄漏是指与设备内室相连的部分密封不严，使蒸汽中混有空气，而空气会阻碍蒸汽对灭菌包的穿透。密封不严导致的漏气如图 4.3 所示。

图 4.3　密封不严导致的漏气

设备是否存在泄漏点，可以通过设备泄漏测试程序进行自动测试，也可手动抽空真进行测试。内室压力的泄漏速度不应超过 0.13 kPa/min，超过此范围，可能会导致 B-D 测试或灭菌失败。

（三）案例三：非凝结性气体

非凝结性气体（NCGs）是在灭菌期间，在一定的温度和压力条件下通过压缩不能被液化和溶解的气体，但在 80 ℃以下容易被水吸收，在更低温度下会恶化，因此，需要充分预热，使非凝结性气体含量降到最低。

刚通入蒸汽时，由于蒸汽管路和蒸汽供应锅炉中残存大量非凝结性气体，会使蒸汽供应初期蒸汽中非凝结性气体含量超标，阻碍蒸汽的穿透，从而导致 B-D 测试或灭菌失败。

为保证 B-D 测试及灭菌程序有效运行，蒸汽中非凝结性气体的含量应不超过 3.5%（体积分数）。蒸汽中的非凝结性气体如图 4.4 所示。

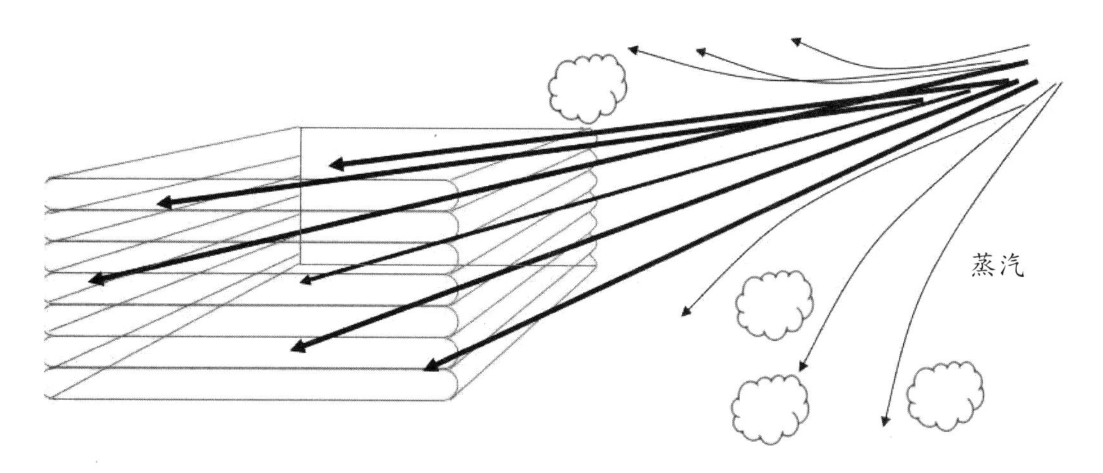

图 4.4　蒸汽中的非凝结性气体

因此，在 B-D 测试前应先运行冷锅预热程序，以进行充分预热，排出蒸汽管路中的不合格蒸汽，提高蒸汽质量。

（四）案例四：灭菌温度不准确

B-D 测试程序的一般参数为 134 ℃下灭菌 3.5 min。如果设备的温度传感器等检测元件存在偏差，就会使实际温度或时间达不到设定值，从而导致 B-D 测试失败。因此，应定期验证灭菌温度，保证灭菌温度的准确性。灭菌阶段曲线如图 4.5 所示。

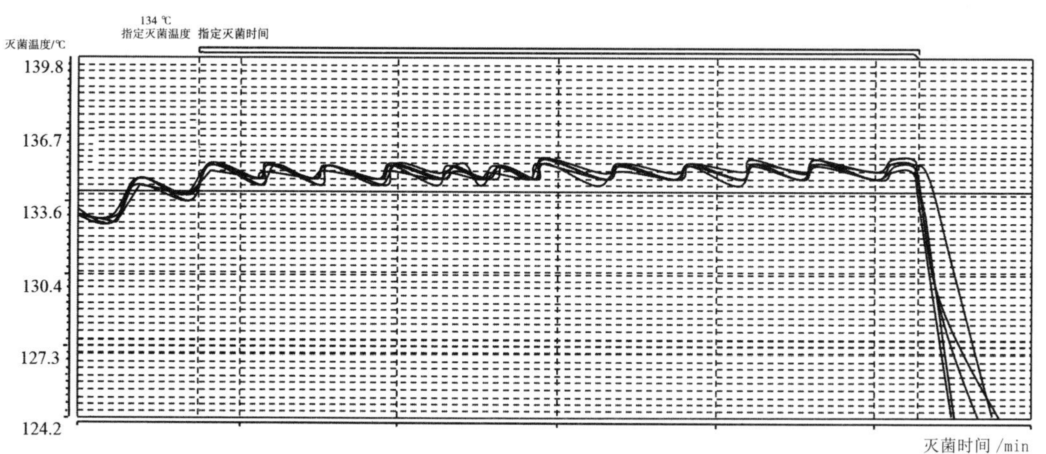

图 4.5　灭菌阶段曲线

（五）案例五：升温时间不足

蒸汽源压力过高、升温阶段参数设置不合理等都会使升温速度过快，导致升温时间不足，从而低蒸汽的穿透时间，造成测试包内温度不均匀，从而导致 B-D 测试失败。灭菌升温阶段曲线如图 4.6 所示。

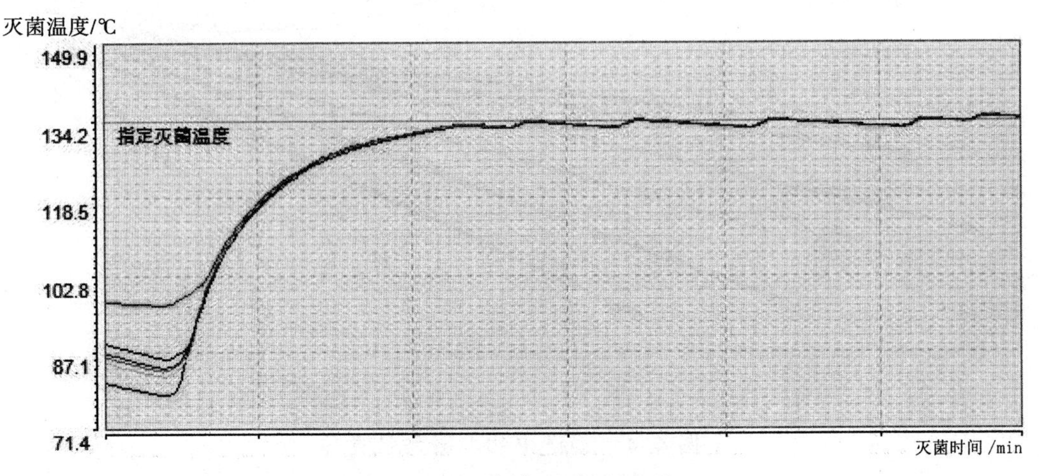

图 4.6　灭菌升温阶段曲线

因此，应保证合理的升温时间（B-D 测试的升温时间以 5 ~ 8 min 为宜，管腔类 B-D 测试的升温时间可适当延长），从而有效控制蒸汽穿透。

五、指示卡变色异常

（一）案例一：指示卡发白或颜色不均

1. 分析可能原因

（1）根据 EN 285：2015 规范要求和检测方法检测蒸汽中含水量是否过高。如果含水量高，在干燥阶段指示卡会出现发白或颜色不均的现象。

（2）打包太松或太紧，导致冷凝水聚集。

（3）指示卡表面与器械接触。

2. 解决办法

规范打包，手术器械包里面最好放爬行卡或防水指示卡。装载不要过于紧凑。

（二）案例二：指示卡发黄

1. 分析可能原因

（1）指示卡发黄说明灭菌不充分，灭菌腔体残留冷空气或蒸汽中的非凝结性气体过多。

（2）包装材料重复性使用，透气性差，使蒸汽难以穿透。

2. 解决办法

检查设备与内室连接的管路是否泄漏，检查密封胶条是否破损，检查指示卡是否存在问题。

六、生物检测不合格

灭菌完成后，按照生物指示剂的要求进行培养，若阳性对照组和阴性对照组颜色变化不符合要求，则说明生物检测不合格。

七、压力正常，温度测量点整体偏低，未达到理论温度值

大型压力蒸汽灭菌器在灭菌保持阶段，大型压力蒸汽灭菌器的饱和蒸汽压力和温度是相对应的。在对大型压力蒸汽灭菌器计量校准结果进行分析时发现，虽然压力达到了灭菌温度的对应值，但是实际灭菌温度整体偏低，而且低于《大型蒸汽灭菌器技术要求　自动控制型》（GB 8599—2008）5.8.3.1 灭菌温度范围下限值。

1. 分析可能原因

（1）冷空气未排或未排尽。

（2）温度传感器示值偏高，未达到灭菌温度。

2. 解决办法

（1）排尽冷空气。对于脉动真空压力蒸汽灭菌器，应检查抽真空系统；对于非脉动真空压力蒸汽灭菌器，应按照要求正确进行冷空气的排放操作。

（2）对温度传感器进行校准。

八、压力正常，个别温度测量点偏低

《大型蒸汽灭菌器技术要求　自动控制型》（GB 8599—2008）5.8.3 灭菌温度范围中要求，在灭菌维持时间内，灭菌室参考测量点测得的温度、标准测试包中任一测试点的温度均应在灭菌温度范围内，个别温度测量点低于灭菌温度范围下限值。

1. 分析可能原因

（1）排水口、排气口等管路漏气，电磁阀关闭不严。

（2）密封胶条严重老化或损坏。

（3）装载量过大或者过于集中，蒸汽难以穿透，温度分布不均。

（4）立式压力蒸汽灭菌器或手提式压力蒸汽灭菌器水的加载量过多，灭菌过程

中水沸腾后接触或浸泡被灭菌物品，达不到灭菌效果。

2. 解决办法

（1）维修排水口、排气口等漏气管路，维修或更换电磁阀。

（2）更换密封胶条。

（3）控制装载量和装载方式，被灭物品均匀放置。

（4）按照立式压力蒸汽灭菌器或手提式压力蒸汽灭菌器要求控制加水量。

九、压力偏低，灭菌效果不合格

大型压力蒸汽灭菌器内蒸汽的压力和温度是相对应的，如果大型压力蒸汽灭菌器内压力偏低，温度也就达不到要求。

1. 分析可能原因

（1）排水口、排气口等管路漏气，电磁阀关闭不严。

（2）密封胶条严重老化或损坏。

（3）蒸汽源压力不足。

（4）压力传感器示值偏高。

2. 解决办法

（1）维修排水口、排气口等漏气管路，维修或更换电磁阀。

（2）更换密封胶条。

（3）提高蒸汽源压力。

（4）校准压力传感器。

十、灭菌过程中平衡时间过长

《大型蒸汽灭菌器技术要求 自动控制型》（GB 8599—2008）5.8.3 规定，对于灭菌室容积不大于 800 L 的蒸汽灭菌器，平衡时间应不超过 15 s。对于容积更大的大型压力蒸汽灭菌器，平衡时间应不超过 30 s。

1. 分析可能原因

（1）装载量过大或者过于集中，蒸汽难以穿透，造成温度分布不均。

（2）排水口、排气口、舱门等管路漏气，电磁阀关闭不严，密封胶条严重老化或损坏。

（3）冷空气未排尽。

2. 解决办法

（1）控制装载量和装载方式，被灭菌物品应均匀放置。

（2）维修排水口、排气口等漏气管路，维修或更换电磁阀，更换密封胶条。

（3）排尽冷空气。对于脉动真空压力蒸汽灭菌器，应检查抽真空系统；对于非脉动真空压力蒸汽灭菌器，应按照要求正确进行冷空气的排放操作。

十一、灭菌维持时间未达标

在使用无线温度记录器对大型压力蒸汽灭菌器进行计量校准时，从无线温度记录器的数据分析结果中得到灭菌维持时间没有达到灭菌设定时间。

1. 分析可能原因

（1）大型压力蒸汽灭菌器的计时装置存在误差。

（2）参考“十、灭菌过程中平衡时间过长”。

2. 解决办法

（1）适当延长灭菌设定时间。

（2）参考“十、灭菌过程中平衡时间过长”。

十二、在灭菌维持时间内平台阶段出现压力下降

在对大型压力蒸汽灭菌器计量校准数据进行分析时发现，在灭菌维持时间内平台阶段出现了压力下降，针对这种情况，选择两台大型压力蒸汽灭菌器的灭菌过程进行分析，灭菌参数为：①灭菌物品：织物。②灭菌温度：132.0 ℃。③灭菌时间：600 s。

（一）案例一

实测压力曲线如图 4.7 所示。

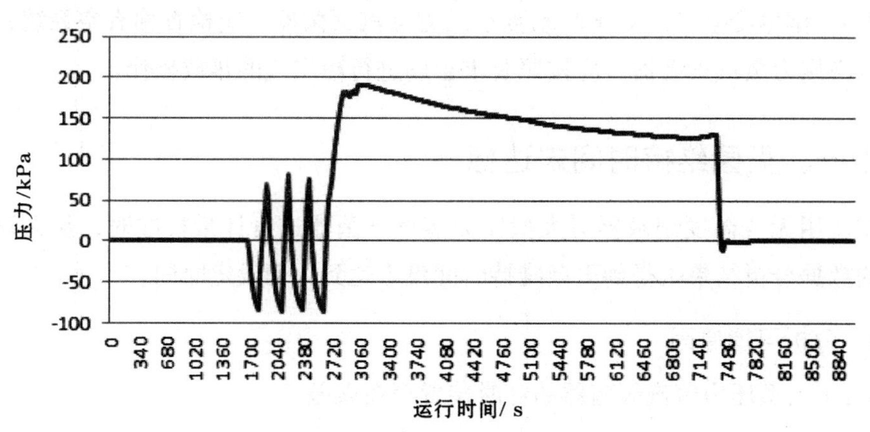

图 4.7 实测压力曲线

实测温度曲线如图 4.8 所示。

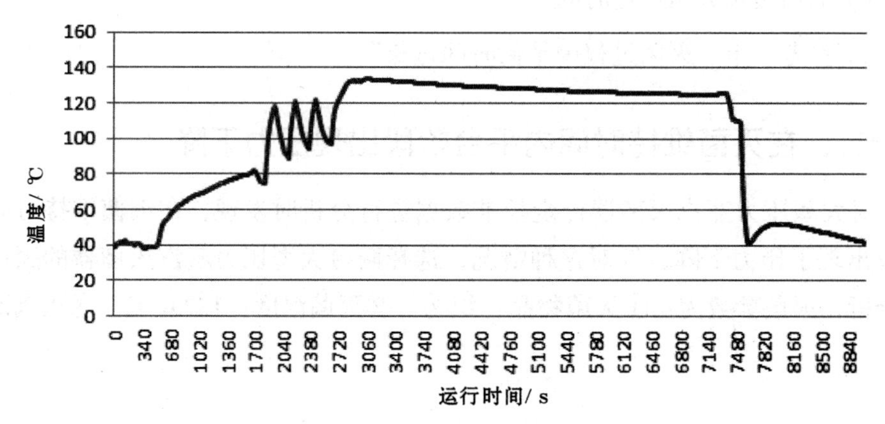

图 4.8 实测温度曲线

灭菌过程实际测量值见表 4.1。

表 4.1 灭菌过程实际测量值

实际测量值	温度平均值 /℃	压力平均值 /kPa
	132.5	185.1

（二）案例二

实测压力曲线如图 4.9 所示。

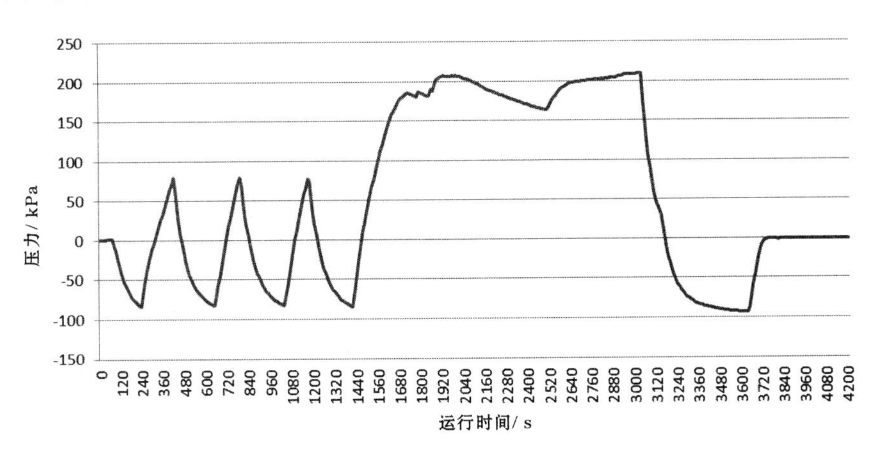

图 4.9　实测压力曲线

实测温度曲线如图 4.10 所示。

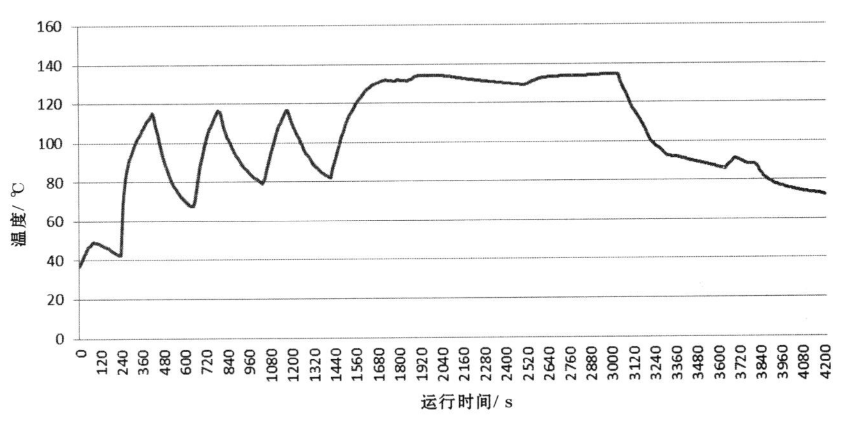

图 4.10　实测温度曲线

灭菌过程实际测量值见表 4.2。

表 4.2　灭菌过程实际测量值

实际测量值	温度平均值 /℃	压力平均值 /kPa
	132.7	192.9

观察案例一和案例二的实测压力曲线，发现两台大型压力蒸汽灭菌器在灭菌过程中出现的问题都是灭菌维持时间内平台阶段出现了压力下降，显然存在密封性不佳的问题，导致压力下降。针对此问题，应重点排查各密封件和阀门。

十三、灭菌包内气体残留影响蒸汽渗透效果

在对大型压力蒸汽灭菌器计量校准数据进行分析时发现，脉冲段抽真空后的蒸汽注入加压排除空气阶段，可能存在灭菌包内气体残留，影响蒸汽渗透效果，针对这种情况，选择两台大型压力蒸汽灭菌器的灭菌过程进行分析，灭菌参数为：①灭菌物品：P03 织物敷料。②灭菌温度：134.0 ℃。③灭菌时间：600 s。

（一）案例一

实测压力曲线如图 4.11 所示。

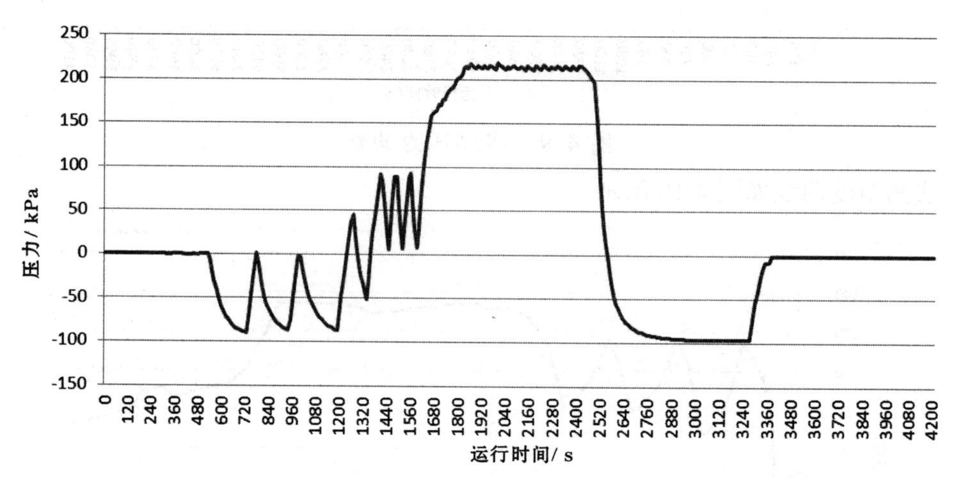

图 4.11　实测压力曲线

实测温度曲线如图 4.12 所示。

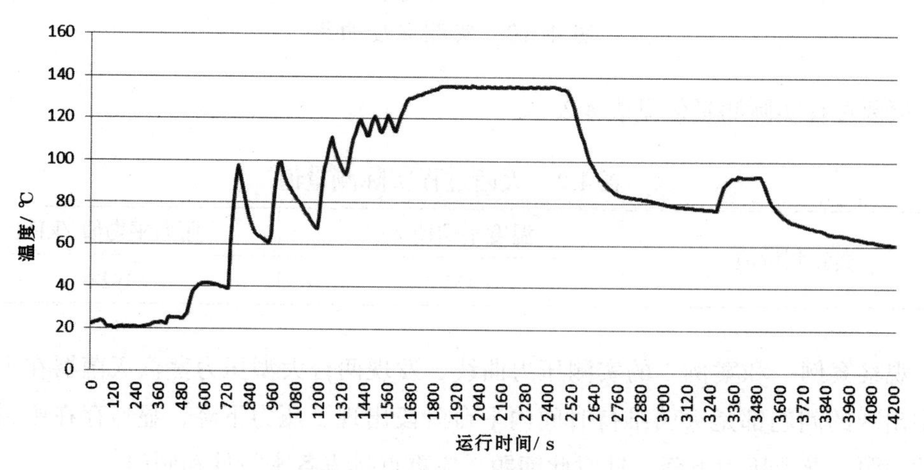

图 4.12　实测温度曲线

灭菌过程实际测量值见表 4.3。

表 4.3　灭菌过程实际测量值

实际测量值	温度平均值 /℃	压力平均值 /kPa
	135.2	214.0

（二）案例二

实测压力曲线如图 4.13 所示。

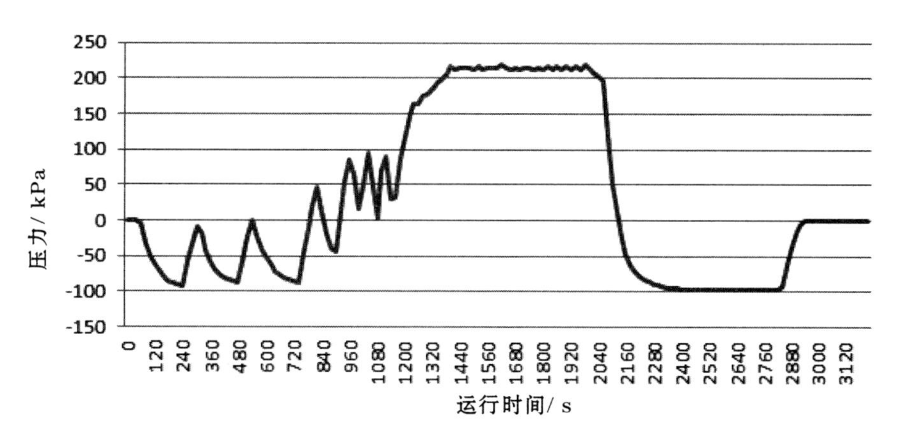

图 4. 13　实测压力曲线

实测温度曲线如图 4.14 所示。

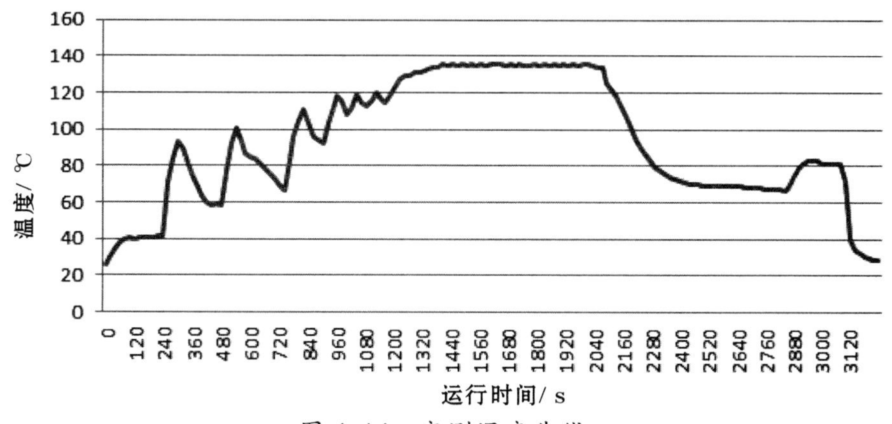

图 4. 14　实测温度曲线

灭菌过程实际测量值见表 4.4。

表 4.4　灭菌过程实际测量值

项目	温度平均值 /℃	压力平均值 /kPa
仪器记录值	134.9	211.7
实际测量值	135.2	214.3

观察案例一和案例二的实测压力曲线，容易发现这两台大型压力蒸汽灭菌器在灭菌过程出现的问题是脉冲段抽真空后的蒸汽注入加压排除空气阶段，可能存在灭菌包内气体残留，影响蒸汽渗透效果。针对此问题，应重点检查蒸汽源的控制部件。

参考文献

[1] 郑子伟，GMP 认证中对高压蒸汽灭菌器的验证 [J]. 计量与测试技术，2009，36（2）：61-63.

[2] 药品生产质量管理规范（2010 版）[s]. 卫生部令第 79 号，2010.

[3] 刘翠梅，胡凯，林海燕，等.3 种方法验证小型预真空灭菌器的灭菌效果 [J]. 中华医院感染学杂志，2012，22（4）:779-781.

[4] 王海涛，董亮，孙云飞，等. 蒸汽灭菌器物理参数验证的研究 [J]. 工业计量，2018，28（6）:95-98.